国家自然科学基金项目(71704176)资助
中国博士后科学基金项目(2017M611953)资助
江苏省教育厅高校哲学社会科学研究基金项目(2017SJB0929)资助
中央高校基本科研业务费专项资金项目(2017QNA07)资助

中国煤矿安全监察监管有效控制情景：基于演化博弈视角的研究

刘全龙　著

U0324082

中国矿业大学出版社

· 徐州 ·

图书在版编目(CIP)数据

中国煤矿安全监察监管有效控制情景:基于演化博
弈视角的研究 / 刘全龙著.—徐州:中国矿业大学出
版社,2018.4
　　ISBN 978 - 7 - 5646 - 3900 - 6

　　Ⅰ.①中… Ⅱ.①刘… Ⅲ.①煤矿－矿山安全－安全
管理－研究－中国　Ⅳ.①TD7

　　中国版本图书馆 CIP 数据核字(2018)第 031026 号

书　　名　中国煤矿安全监察监管有效控制情景:基于演化博弈视角的研究
　　　　　ZHONGGUO MEIKUANG ANQUAN JIANCHA JIANGUAN YOUXIAO
　　　　　KONGZHI QINGJING:JIYU YANHUA BOYI SHIJIAO DE YANJIU
著　　者　刘全龙
责任编辑　马晓彦
出版发行　中国矿业大学出版社有限责任公司
　　　　　(江苏省徐州市解放南路　邮编 221008)
营销热线　(0516)83885307　83884995
出版服务　(0516)83885767　83884920
网　　址　http://www.cumtp.com　E-mail:cumtpvip@cumtp.com
印　　刷　江苏凤凰数码印务有限公司
开　　本　787 mm×1092 mm　1/16　印张 11.25　字数 215 千字
版次印次　2018 年 4 月第 1 版　2018 年 4 月第 1 次印刷
定　　价　42.00 元

(图书出现印装质量问题,本社负责调换)

前　言

　　煤矿安全问题是学术界值得研究的重要课题。国内外很多学者对中国煤矿安全事故多发的根源进行了多角度的研究,提出了不少有价值的措施和政策建议。探究中国煤矿安全状况较差的内在成因,小煤矿数量庞大、煤矿地质开采条件复杂、地下开采比例大、作业环境恶劣、人员素质低下等是不争的事实,但透过这些事实,体现出煤矿企业安全投入不足、管理不到位等问题,进一步分析则指向外部的国家煤矿安全监察监管所存在的各种问题。目前,我国已形成"国家监察、地方监管、企业负责"的煤矿安全监察监管工作格局,也就是说,在煤矿安全监察监管政策实践中,安全监察是中央政府的职能,安全监管是地方政府的职能。在这种格局下,存在中央政府、地方政府和煤矿企业间的多方博弈,不同的主体地位和谈判能力导致各主体间利益冲突趋于隐性化,影响国家煤矿安全监察监管的效果,在一定程度上导致煤矿重大事故的发生。

　　目前,国内外有关煤矿安全监察监管的研究多集中于煤矿日常管理内部的技术原因、地质条件和企业内部管理体系存在缺陷而诱发煤矿事故的机理等方面,这些研究为我们继续进行煤矿安全监察监管的研究提供了良好的基础。但由于理论上的不足,有关中国煤矿安全监察监管组织结构的演进过程、宏观或中观层面煤矿安全监察监管有效性的定量分析、当前中国煤矿安全监察监管过程中各利益相关者在有限理性下的长期动态系统博弈过程及其控制情景等方面的研究还较为缺乏,从而在很大程度上影响着中国煤矿安全监察监管的效果,这也是多年来中国重大煤矿事故处于多发态势的一个主要客观原因,由此带来的相关研究需求就显得特别重要而且迫切。因此,本书针对煤矿安全监察监管过程中各方利益冲突趋于隐性化且监察监管过程具有复杂动态博弈和多方参与的特点,以风险理论、信息不对称理论、外部性与内部性理论、委托代理理论、利益相关理论、政府规制理论和博弈理论等为指导,采取理论分析与情景模拟相结合、定性与定量方法相结合的模式探讨中国煤矿安全监察监管演化博弈与控制情景问题。本书研究内容的主要贡献体现在以下几个方面:

首先,介绍中国煤矿安全监察监管的形成和发展,将中华人民共和国成立60多年来的煤矿安全政府监察监管历程划分为六个历史阶段:中华人民共和国成立初的煤矿安全生产初创期、"大跃进"及调整时期、"文化大革命"时期、改革开放时期、开始建立社会主义市场经济时期和新体制形成时期(国家监察模式时期),并分析各个阶段煤矿安全监察监管机构的变迁过程。分析当前煤矿安全监察监管的现状和特征,并对其有效性进行分析,结果表明:自2000年开始逐步建立的新的煤矿安全监察监管机构,从短期来看,对于煤矿安全记录的改善具有负面作用,其中对乡镇煤矿的负面作用程度最大,国有重点煤矿的负面作用程度最小;但从长远来看,对全国煤矿安全记录的改善具有显著性的正面作用,其中乡镇煤矿的改善效果最明显,国有重点煤矿的改善效果最小。而后从1998年末关闭非法乡镇小煤矿政策和现行煤矿安全监察监管机构的不足两方面对回归结果进行分析。

其次,针对煤矿安全监察监管机构存在的不足和国内外对煤矿安全监察监管相关研究的缺陷,从煤矿安全监察监管演化博弈视角进行分析,将中国煤矿安全监察监管的演化博弈划分为单种群演化博弈、两种群演化博弈和系统演化博弈。具体而言,单种群演化博弈包括国家煤矿安全监察机构之间监察行为的演化博弈、地方煤矿安全监管机构之间监管行为的演化博弈以及煤矿企业之间安全生产行为的演化博弈;两种群演化博弈包括国家煤矿安全监察机构与地方煤矿安全监管机构之间的演化博弈、国家煤矿安全监察机构和煤矿企业之间的演化博弈以及地方煤矿安全监管机构与煤矿企业之间的演化博弈;系统演化博弈则是指国家煤矿安全监察机构、地方煤矿安全监管机构和煤矿企业三个种群之间的系统性演化博弈。然后对上述煤矿安全监察监管的单种群演化博弈模型、两种群演化博弈模型和系统演化博弈模型进行分析。结果表明:对于煤矿安全监察监管的单种群演化博弈模型和双种群演化博弈模型,可以通过分析均衡点时系统的雅可比矩阵的行列式值和迹值的符号，判断其均衡点的稳定性；但是对于煤矿安全监察监管的系统演化博弈模型，通过此方法理论上是可以做到的，但是计算量巨大、计算过程烦琐，且系统演化博弈过程具有复杂动态性，对各局中人的策略也难以合理制定。因此，采用系统动力学（SD）来研究煤矿安全监察监管系统演化博弈的反馈结构，分析系统演化博弈均衡点的稳定性，从而构建煤矿安全监察监管的系统演化博弈 SD 模型，并对系统演化博弈均衡点进行仿真以分析其稳定性，主要包括纯策略均衡解稳定性分析、混合策略均衡解稳定性分析和一般策略演化博弈稳定性分析，结果发现：中国煤矿安全监察监管的系统演化博弈过程呈现反复波动、震荡发展的趋势，即演化博弈过程不存在演化稳定策略均衡，这从一定程度上提供了解释多年来中国重大煤矿事故处于多发态势的一个主要客观原因。

再次，以提高煤矿安全监察监管效果、降低煤矿企业违法行为为目标，针对上述不存在演化稳定策略均衡的煤矿安全监察监管系统演化博弈问题进行有效稳定性控制情景研究，提出可以有效抑制系统演化博弈过程波动性的控制情景，即动态惩罚稳定性控制情景，并对该情景下的系统演化博弈稳定性进行仿真分析与仿真结果理论证明。结果表明：在动态惩罚稳定性控制情景下系统演化博弈过程的波动性得到有效控制，存在演化稳定策略均衡，但是在此演化稳定策略均衡状态下，煤矿企业仍存在一定比例的选择违法行为。因此，有必要对动态惩罚稳定性控制情景下演化稳定策略的影响变量进行分析与控制优化，从而提出优化动态惩罚-激励稳定性控制情景，并对该情景下的系统演化博弈有效稳定性进行仿真分析与仿真结果理论证明。结果表明：优化动态惩罚-激励稳定性控制情景不仅能够有效抑制系统演化博弈过程的波动性，使系统演化博弈存在演化稳定策略均衡，且在此演化稳定策略均衡状态下煤矿企业违法行为得到有效控制。

最后，在上述对中国煤矿安全监察监管的系统演化博弈分析与有效稳定性控制情景研究的基础上，提出中国煤矿安全监察监管机构的改善对策。

本书研究成果获得国家自然科学基金项目"中国煤矿安全监察监管有效控制情景：基于演化博弈视角的研究"（批准号：71704176）、中国博士后科学基金项目"演化博弈视角下的煤矿安全监察监管研究"（批准号：2017M611953）、江苏省教育厅高校哲学社会科学研究基金项目"中国煤矿安全风险管制模式研究"（批准号：2017SJB0929）以及中央高校基本科研业务费专项资金"基于风险管理理论的中国煤矿安全管制阻力机制研究"（批准号：2017QNA07）等项目的资助。另外，在具体研究过程中，本书参考了国内外许多学者专家的文献资料，表示由衷的感谢。

受作者水平所限，书中难免存在不足之处，欢迎专业人士和读者批评指正。

著　者

2017 年 12 月

目 录

第1章 绪论 ……………………………………………………… 1
  1.1 研究背景及问题提出 …………………………………… 1
  1.2 研究意义 ………………………………………………… 6
  1.3 研究目标、技术路线及主要内容……………………… 7
  1.4 研究方案及方法 ………………………………………… 10
  1.5 研究特色 ………………………………………………… 13
  1.6 本章小结 ………………………………………………… 14

第2章 研究综述与相关理论 ………………………………… 15
  2.1 基本概念辨析 …………………………………………… 15
  2.2 国内外相关研究动态 …………………………………… 18
  2.3 相关理论 ………………………………………………… 30
  2.4 本章小结 ………………………………………………… 41

第3章 中国煤矿安全监察监管组织结构的形成和发展 ……… 42
  3.1 煤矿安全生产初创期 …………………………………… 42
  3.2 "大跃进"及调整时期 ………………………………… 44
  3.3 "文化大革命"时期 …………………………………… 45
  3.4 改革开放时期 …………………………………………… 46
  3.5 开始建立社会主义市场经济时期 ……………………… 47
  3.6 新体制形成时期 ………………………………………… 48
  3.7 本章小结 ………………………………………………… 49

第4章 中国煤矿安全监察监管有效性分析 ………………… 50
  4.1 煤矿安全监察监管现状 ………………………………… 50
  4.2 煤矿安全监察监管相关法律法规 ……………………… 52
  4.3 煤矿安全监察监管特征 ………………………………… 57
  4.4 煤矿安全监察监管有效性分析………………………… 59

  4.5 本章小结 ·· 72

第 5 章 中国煤矿安全监察监管演化博弈模型分析 ··············· 74
  5.1 煤矿安全监察监管演化博弈的分类 ·························· 74
  5.2 煤矿安全监察监管单种群演化博弈模型分析 ·············· 77
  5.3 煤矿安全监察监管两种群演化博弈模型分析 ·············· 89
  5.4 煤矿安全监察监管系统演化博弈模型分析 ················ 111
  5.5 本章小结 ·· 118

第 6 章 中国煤矿安全监察监管系统演化博弈模型仿真与稳定性研究 ··· 119
  6.1 煤矿安全监察监管系统演化博弈 SD 模型 ················ 119
  6.2 煤矿安全监察监管系统演化博弈模型仿真与稳定性分析 ········ 123
  6.3 本章小结 ·· 132

第 7 章 中国煤矿安全监察监管系统演化博弈有效稳定性控制情景研究 ·· 133
  7.1 一般惩罚情景对系统演化博弈结果的影响 ·············· 133
  7.2 动态惩罚稳定性控制情景下演化博弈稳定性仿真及结果
       理论证明 ·· 135
  7.3 演化稳定策略均衡影响变量分析与优化 ··············· 141
  7.4 优化动态惩罚-激励稳定性控制情景博弈稳定性仿真及
       结果理论证明 ·· 147
  7.5 中国煤矿安全监察监管效果相关改善对策 ·············· 154
  7.6 本章小结 ·· 156

第 8 章 结论与展望 ··· 157
  8.1 主要研究结论 ··· 157
  8.2 研究创新 ··· 158
  8.3 研究不足与展望 ·· 159

参考文献 ·· 160

第 1 章 绪 论

1.1 研究背景及问题提出

1.1.1 研究背景

根据国家《能源发展战略行动计划(2014—2020)》,未来几年中国能源发展的主体思想是节能、调整能源消费结构、清洁生产和低碳环保,也就是未来几年中国将大力发展可再生能源,降低石化能源(主要是煤炭)在能源消耗中的比例,大力研发清洁生产技术,降低能源消耗给环境带来污染,主要是降低碳排放。但从规划和中国实际能源消费来看,煤炭作为能源主体的地位短期内仍然不会改变,"十三五"期间,煤炭仍将保持能源消费 60% 的主导地位。因此,煤炭工业在中国国民经济中依然占有举足轻重的地位。

未来一段时间煤炭生产除了要实现节能、清洁生产外,另一个关键问题就是安全生产。中国煤炭资源丰富、分布广泛,具有储量和生产成本上的优势,在中国 9.60×10^6 km² 国土面积上,含煤面积达 5.50×10^6 km²,煤炭资源储量达 $5.029\ 2 \times 10^{12}$ t。中国是世界上最早发现、开采并且利用煤炭的国家,早在 2000 多年前的西汉至魏晋南北朝时期,人们就已经开始大量开采煤炭用于冶炼金属和取暖。中华人民共和国成立后,国家对煤炭工业高度重视,大力发展煤炭工业,全面进行煤田地质勘探和矿井基础建设,建成了大、中、小相结合的煤炭生产基地 100 多个,全国煤炭产量由 1949 年的 3 243 万 t,增长到 1999 年的 104 363 万 t,增长了 31 倍多;但是煤矿事故死亡人数也大幅度上升,1978—1999 年,全国煤矿总死亡人数 139 331 人,平均每年死亡 6 333 人,煤矿百万吨死亡率平均在 6.5 左右。煤矿事故不仅夺走了煤矿职工的生命,也给煤矿企业和国家造成了巨大的经济损失。同时,煤矿重大事故还会造成恶劣的社会影响,直接关系到社会和谐与政治稳定,甚至还会造成煤矿企业招工难、煤炭院校招生难、煤矿工人解决婚姻问题难等社会问题。

针对煤矿事故频发带来的一系列问题,结合中国基本国情和煤矿安全的国际经验,国务院发布《关于印发煤矿安全监察管理体制改革实施方案的通知》(国办发〔1999〕104 号），对煤矿安全管理体制开始进行根本性的改革。此次改革分割了原劳动行政部门负责的煤矿安全监察职能，重新组建新的煤矿安全监察机构，对煤矿安全生产实行垂直管理、分级监察，成立国家煤矿安全监察局，与国家煤炭工业局"一个机构、两块牌子"。2001 年 2 月，为适应中国安全生产监督管理工作的需要，国务院在撤销国家经贸委管理的国家煤炭工业局等 9 个工业局的同时，组建了国家安全生产监督管理局，与刚成立的国家煤矿安全监察局实行"一个机构、两块牌子"。目前，全国已相应建立起 27 个省级煤矿安全监察局及 68 个煤矿安全监察办事处，国家煤矿安全监察局及其办事处与其负责监管的煤矿企业之间没有任何利益上的联系，是独立的"第三方监管人"，并建立了国家煤矿安全监察员制度，由中央政府垂直管理；《关于完善煤矿安全监察体制的意见》（国办发〔2004〕79 号）明确了"国家监察、地方监管、企业负责"的煤矿安全监察监管工作格局。也就是说，在煤矿安全监察监管的政策实践中，煤矿安全监察是中央政府的职能，煤矿安全监管是地方政府的职能，国家煤矿安全监察局和地方煤矿安全监管机构共同承担着对煤矿企业安全生产行政执法的任务，如图 1-1 所示。为进一步加强煤矿安全监察监管的重要性，国务院办公厅于 2006 年 7 月印发了《关于加强煤炭行业管理有关问题的意见》（国办发〔2006〕49 号），将国家发展和改革委员会与煤矿安全紧密相关的职能划转到国家安监总局和国家煤矿安全监察局；《关于进一步加强煤矿安全生产工作的意见》（国办发〔2013〕99 号）又进一步落实了地方政府属地监管煤矿企业安全生产的责任，明确了煤矿安全监察、煤矿安全监管等部门在煤矿安全工作中的职责。这一系列调整将中国煤矿安全监察监管的重要性提高到了前所未有的高度。

随着中国煤矿安全监察监管机制逐步完善，"国家监察、地方监管、企业负责"的煤矿安全监察监管工作格局已经初见成效，中国的煤矿基础设施、作业环境、科技装备水平不断改善，煤矿安全形势得到了很大改观（见图 1-2）。全国煤炭总产量由煤矿安全管理体制改革前（1999 年）的 10.4 亿 t 增长到 2014 年的 38.7 亿 t，增长了 2.7 倍；同时，全国煤矿事故死亡总人数也由"十五"期间高峰期（2002 年）的 6 995 人减少到 2014 年的 931 人，下降了 86.7%，一次死亡 10 人以上重特大事故起数也由 2000 年的 75 起减少到 2014 年的 14 起，下降了 81.3%；煤矿百万吨死亡率也由 2000 年的 5.71 下降到 2014 年的 0.24，下降了 95.8%。

全国煤炭产量的不断增长和煤矿安全生产形势的明显好转，为国民经济持续健康稳定发展提供了重要保障，然而中国煤矿安全管理的水平与主要产煤国家相比还存在一定的差距。

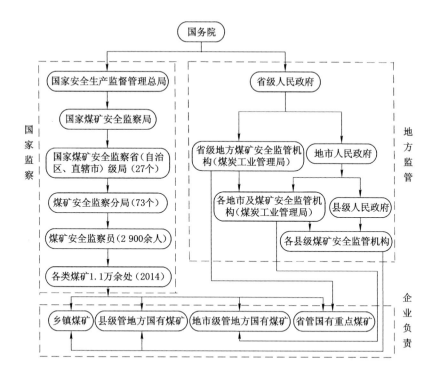

图 1-1 中国煤矿安全监察监管组织结构示意图

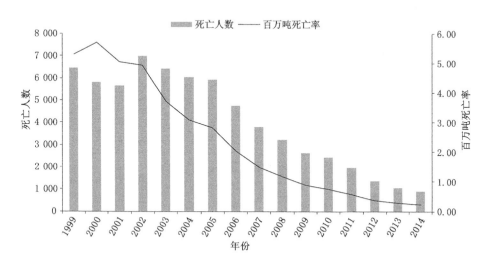

图 1-2 21 世纪以来中国煤炭产业总死亡人数和百万吨死亡率

（资料来源：根据煤炭工业年鉴、国家煤矿安全监察局官网整理而来。）

1.1.2　问题提出

近年来，虽然国家煤矿安全监察局和地方煤矿安全监管机构都加大了对煤矿企业的监察和监管力度，"安全第一"的方针也一再出现在各级、各类政策文件中，每有重大煤矿事故发生，便会有很多地区或整个省份煤矿停工整顿的决定，但是这些都没能遏制重大煤矿事故的频频发生。重大煤矿事故不断刺痛着人们的神经（见表1-1），"伤亡惨重、损失巨大、影响恶劣"是国家安全生产监督管理总局对中国煤矿安全状况的总结，"坚决遏制重大煤矿事故多发频发势头"是国家安全生产监督管理总局的头等任务。

表 1-1　　　　2014 以来煤矿重大事故（死亡 10 人以上事故）统计

时间	发生事故煤矿	遇难人数	事故性质
2013-01-18	贵州六盘水市盘江精煤股份有限公司金佳煤矿	13 人	煤与瓦斯突出
2013-01-29	黑龙江牡丹江市东宁县永盛煤矿	12 人	气体中毒
2013-02-28	河北张家口市怀来县艾家沟煤矿	12 人	火灾
2013-03-11	黑龙江龙煤集团鹤岗分公司振兴煤矿	18 人	溃水溃泥
2013-03-12	贵州格目底矿业有限公司马场煤矿	25 人	煤与瓦斯突出
2013-03-29	吉林吉煤集团通化矿业集团公司八宝煤业公司	36 人	瓦斯爆炸
2013-04-01	吉林吉煤集团通化矿业集团公司八宝煤业公司	17 人	瓦斯爆炸
2013-04-20	吉林延边州和龙市庆兴煤业有限责任公司庆兴煤矿	18 人	瓦斯爆炸
2013-05-10	四川泸州市泸县桃子沟煤矿	28 人	瓦斯爆炸
2013-05-11	贵州安顺市平坝县大山煤矿	12 人	瓦斯爆炸
2013-06-02	湖南邵阳市邵东县司马冲煤矿	10 人	瓦斯爆炸
2013-09-28	山西焦煤集团汾西矿业公司正升煤业公司	10 人	透水
2013-09-30	江西丰城矿务局曲江煤矿	11 人	煤与瓦斯突出
2013-12-13	新疆昌吉州呼图壁县白杨沟煤炭有限责任公司	22 人	瓦斯爆炸
2014-03-21	河南平煤神马集团长虹矿业公司	13 人	煤与瓦斯突出
2014-04-07	云南曲靖市黎明实业公司下海子煤矿	22 人	爆破引起透水
2014-04-21	云南省曲靖市富源县红土田煤矿	14 人	瓦斯爆炸
2014-05-14	陕西榆林大海则煤矿	13 人	溜灰管坠落
2014-06-03	重庆南桐矿业公司砚石台煤矿	22 人	瓦斯爆炸
2014-06-11	贵州六枝工矿（集团）公司新华煤矿	10 人	煤与瓦斯突出
2014-07-05	新疆大黄山豫新煤业有限责任公司	17 人	瓦斯爆炸

时间	发生事故煤矿	遇难人数	事故性质
2014-08-14	黑龙江鸡西安之顺煤矿	16 人	透水
2014-10-05	贵州毕节永贵能源开发有限责任公司新田煤矿	10 人	瓦斯爆炸
2014-10-24	新疆乌鲁木齐米泉沙沟煤矿	16 人	采空区冒顶
2014-11-26	辽宁阜新矿业集团恒大煤业有限责任公司	28 人	煤尘燃烧
2014-11-27	贵州六盘水盘县松林煤矿	11 人	瓦斯爆炸
2014-12-14	黑龙江鸡西兴运煤矿	10 人	瓦斯爆炸
2015-04-19	山西大同煤矿集团大同地煤姜家湾煤矿	21 人	透水
2015-08-11	贵州黔西南州普安县政忠煤矿	13 人	煤与瓦斯突出
2015-10-09	江西上饶市上饶县永吉煤矿	10 人	瓦斯爆炸
2015-11-20	黑龙江龙煤集团鸡西分公司杏花煤矿	22 人	重大火灾
2015-12-16	黑龙江鹤岗市向阳煤矿	19 人	瓦斯爆炸
2015-12-17	辽宁葫芦岛市连山钼业集团兴利矿业有限公司	17 人	火灾
2016-03-06	吉林白山市吉煤(集团)通化矿业有限责任公司松树镇煤矿	12 人	煤与瓦斯突出
2016-03-23	山西朔州山阴县同煤集团同生公司安平矿	20 人	垮落事故
2016-10-31	重庆永川金山沟煤业有限责任公司	33 人	瓦斯爆炸
2016-11-29	黑龙江七台河市茄子河区龙湖矿区景有煤矿	22 人	瓦斯爆炸
2016-12-03	内蒙古自治区赤峰市赤峰宝马矿业有限公司煤矿	32 人	瓦斯爆炸
2016-12-05	湖北恩施州巴东县辛家煤矿有限责任公司	11 人	瓦斯突出
2017-02-14	湖南娄底市腾飞煤业有限公司祖保煤矿	10 人	瓦斯爆炸

资料来源：国家安全生产监督管理总局政府网站事故查询系统。

　　国内外很多学者对中国煤矿安全事故多发的根源进行了多角度的研究,也提出了不少有价值的政策建议。探究中国煤矿安全状况糟糕的内在成因,小煤矿数量庞大、煤矿地质开采条件复杂、地下开采比例大、作业环境恶劣、人员素质低下等是不争的事实。但透过这些事实,体现出的是煤矿企业安全投入不足、管理不到位等问题,进一步分析则指向外部的国家煤矿安全监察监管所存在的各种问题。

　　在目前"国家监察、地方监管、企业负责"的煤矿安全监察监管工作格局下,存在中央政府、地方政府和煤矿企业间的多方博弈。在这种多方博弈格局中,不同的主体其地位和谈判能力不同,导致各主体间利益冲突趋于隐性化,影响国家煤矿安全监察监管的效果,在一定程度上导致煤矿重大事故的发生。目前,国内外有关煤矿安全监察监管的研究多集中于煤矿日常管理内部的技术原因、地质条件和企业内部管理体系存在缺陷而诱发煤矿事故的机理等方面，这些研究为我们继续进行煤矿安全监察监管的研究提供了良好的基础。但由于理论上的不足，有关中国煤矿安全监察监管组织结构的演进过程、宏观或中观层面煤矿安全监察监管有效性的定量分析、当前中国煤矿安全监察监管过程中各利益相关者在有限理性下的长期动态系统博弈过程及其控制情景等方面的研究还较为缺乏，从而在很大程度上影响着中国煤矿安全监察监管的效果，这也是多年来中国重大煤矿事故处于多发态势的一个主要客观原因，由此而带来的相关研究需求就显得特别重要而且迫切。

因此，本书将研究的视野从微观转向宏观，从煤矿企业层面转移到国家层面，用系统的观点研究中国煤矿安全监察监管问题。以"中国煤矿安全监察监管系统演化博弈分析与控制情景研究"为题，分析中国煤矿安全监察监管组织结构的形成和发展，总结当前煤矿安全监察监管的现状与特征，并对其有效性进行分析，指出当前煤矿安全监察监管机构存在的主要问题，进而从演化博弈的视角对煤矿安全监察监管问题进行分析，将基于系统动力学（SD）的计算机仿真手段与动态演化思想相结合，构建一个由国家煤矿安全监察机构、地方煤矿安全监管机构和煤矿企业三个种群所组成的煤矿安全监察监管系统演化博弈 SD 模型；通过对演化博弈模型进行求解和 SD 模型仿真，揭示各利益相关者进行决策的行为特征及其稳定状态，从而提出改善煤矿安全监察监管效果的控制情景；对控制情景进行仿真分析、仿真结果理论证明以及优化研究，以为提高煤矿安全监察监管效果提供理论支持和经验上的借鉴及启示。

1.2　研究意义

对中国煤矿安全监察监管系统演化博弈分析及其控制情景的研究，是我们分析煤矿安全生产规律，科学制定与煤矿安全监察监管相关的制度、政策与战略的依据与前提，具有深刻的理论意义和重要的实践意义。

在理论上，首先，完善国内学者对于中国当前煤矿安全监察监管有效性的定量研究。现阶段国内学者对于当前煤矿安全监察监管有效性的研究多集中在定性分析上，本书认为仅停留在定性分析上远远不够，而必须进行定量分析，并将定量分析与定性分析相结合，试图进一步认识中国当前煤矿安全监察监管的有效性，以完善监察监管有效性的定量分析研究。其次，克服传统博弈理论分析煤矿安全监察监管问题"完全理性"和"共同知识"假设的缺陷以及处理多方博弈时的困难。引入演化博弈思想，对煤矿安全监察监管过程建立有限理性条件下的演化博弈模型，采用演化博弈复制动态方程作为描述群体中个体之间学习能力的依据,提供一种把博弈思想和动态演化相结合分析有限理性下煤矿安全监察监管多方长期动态性博弈过程的研究方法。再次,指出煤矿安全监察监管系统演化博弈的反馈结构更加适合于采用 SD 建立相应的模型进行仿真,并证明运用 SD 对煤矿安全监察监管的系统演化博弈过程进行仿真是解决演化博弈均衡点稳定性分析的有效方法。此外,煤矿安全监察监管的系统演化博弈仿真与稳定性分析的结论,将从一定程度上提供解释中国重大煤矿事故多年处于频发态势的一个主要客观原因。

在实践上,首先,煤矿安全监察监管的演化博弈模型分析有助于理清中国煤矿安全监察监管过程中的内部演化博弈关系。在中国煤矿安全监察监管过程中,"国家监察"和"地方监管"都属于规制者,但二者各自内部还有职能、权利、责任上的分工;而传统博弈问题没有区分国家煤矿安全监察局和地方煤矿安全监管机构之间的差异,大多把煤矿安全监察等同于煤矿安全监管。其次,针对煤矿安全监察监管的系统演化博弈问题的复杂动态性和多方参与的特点,将动态演化思想与基于 SD 的计算机仿真手段相结合,构建煤矿安全监察监管的系统演化博弈 SD 模型,通过对模型进行求解与仿真分析,揭示各博弈参与者进行决策的行为特征及其稳定状态,从而提出改善煤矿安全监察监管效果的控制情景,并对控制情景进行仿真分析及优化研究,以为提高煤矿安全监察监管效果提供理论支持和经验上的借鉴及启示。

1.3　研究目标、技术路线及主要内容

1.3.1　研究目标

(1)揭示中国煤矿安全监察监管组织机构的变迁过程,分析当前中国煤矿安全监察监管的现状,并对其有效性进行分析。

(2)理清中国煤矿安全监察监管过程中的演化博弈关系,构建中国煤矿安全监察监管演化博弈模型,并对其进行求解与稳定性分析。

(3)构建中国煤矿安全监察监管的系统演化博弈 SD 模型,并对其进行仿真与稳定性分析,揭示各博弈参与者进行决策的行为特征及其稳定状态。

(4)提出提高煤矿安全监察监管效果的控制情景,并对控制情景进行仿真分析、仿真结果理论证明以及优化研究。

1.3.2　技术路线

本书研究的技术路线如图 1-3 所示。

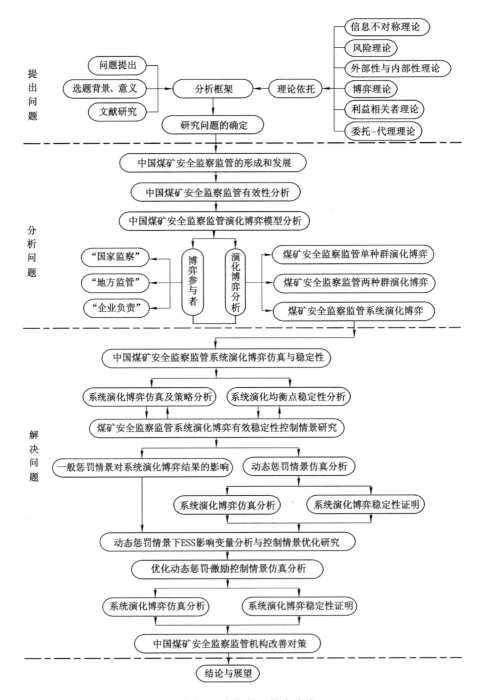

图 1-3　研究框架和技术路线

以煤矿安全监察监管相关理论为指导,首先从煤矿安全监察、煤矿安全监管的内涵出发,对相关概念进行辨析,分析煤矿安全监察监管的国内外相关研究现状,确定研究的问题。其次,在总结中国煤矿安全监察监管组织结构的形成和发展的基础上,分析当前煤矿安全监察监管的现状及特征,进而采用时间序列分析法对其有效性进行分析,并总结当前煤矿安全监察监管机构存在的主要问题;接着,从煤矿安全监察监管演化博弈视角进行分析,将中国煤矿安全监察监管的演化博弈划分为单种群演化博弈、两种群演化博弈和系统演化博弈,进而对上述煤矿安全监察监管单种群演化博弈模型、两种群演化博弈和系统演化博弈模型进行分析与求解。然后,将基于 SD 的计算机仿真手段与动态演化思想相结合,构建煤矿安全监察监管的系统演化博弈 SD 模型,并通过对模型进行求解与仿真分析,达到均衡稳定性分析的目的,揭示各利益相关者进行决策的行为特征及其稳定状态,从而提出改善煤矿安全监察监管效果的控制情景,并对控制情景进行仿真分析、仿真结果理论证明以及优化研究。最后,在上述对煤矿安全监察监管的系统演化博弈有效稳定性控制情景研究的基础上,提出提高煤矿安全监察监管效果的改善对策设计。

1.3.3　主要内容

根据以上研究技术路线,本书的主要研究内容如下:

(1) 中国煤矿安全监察监管组织结构的形成与发展

将中华人民共和国成立 60 多年来的煤矿安全政府监察监管组织结构发展历程划分为六个历史阶段,即中华人民共和国成立初期煤矿安全生产初创期(1949—1957 年)、"大跃进"及调整时期(1958—1965 年)、"文化大革命"时期(1966—1976 年)、改革开放期(1978—1992 年)、开始建立社会主义市场经济期(1993—1999 年)和新体制形成期(2000 年至今),并分析各个历史阶段煤矿安全监察监管机构的变迁过程。

(2) 中国煤矿安全监察监管有效性分析

新的煤矿安全监察监管组织机构建立以来,中国煤矿安全形势得到了很大改观,国家煤矿安全监察局也从创立伊始的 19 个省级煤矿安全监察局、68 个区域监察办事处,发展到目前的 27 个省级煤矿安全监察机构、76 个区域监察分局。然而,国家在实施新的煤矿安全监察监管机制改革以来,煤矿安全监察监管的效果以及煤矿安全状况的改善程度究竟如何? 目前,国内外很多学者有关煤矿安全监察监管有效性的研究大多集中在定性分析上,本书认为仅停留在定性分析上远远不够,因而本书将在对比分析中国煤矿安全监察体制改革前后煤矿安全监察监管机构的变迁过程基础上,通过构建时间序列模型并不断进行修正,对这一新的煤矿安全监察监管机构的有效性进行分析。

（3）中国煤矿安全监察监管演化博弈模型分析

针对煤矿安全监察监管机构存在的缺陷以及相关研究的不足，从演化博弈的视角对我国煤矿安全监察监管问题进行分析，依据博弈参与者的种类，将煤矿安全监察监管的演化博弈划分为煤矿安全监察监管单种群演化博弈、双种群演化博弈和系统演化博弈，然后，对上述煤矿安全监察监管单种群演化博弈模型、双种群演化博弈模型和系统演化博弈模型进行分析，其中特别地对由国家煤矿安全监察机构、地方煤矿安全监管机构和煤矿企业三个种群所组成的煤矿安全监察监管问题进行系统性的演化博弈分析。

（4）中国煤矿安全监察监管的系统演化博弈模型仿真与稳定性研究

中国煤矿安全监察监管的系统演化博弈问题的复杂动态性和多方参与的特点决定了将博弈模型动态性分析与不同策略的计算机仿真相结合的必要性，且在群体演化博弈中，某一群体中个体利用模仿（复制）动态来描述其自身的学习演化机制，通过观察并对比自身与同种群中其他个体的收益来进行模仿和学习，从而调整自己的策略选择。因此，针对中国煤矿安全监察监管的系统演化博弈问题具有的复杂动态性和多方参与的特点，本书将用 SD 来研究煤矿安全监察监管的系统演化博弈的反馈结构问题，对不同策略下的煤矿安全监察监管的系统演化博弈的均衡点进行仿真，以分析中国煤矿安全监察监管的系统演化博弈均衡点的稳定性。

（5）中国煤矿安全监察监管的系统演化博弈有效稳定性控制情景研究

对中国煤矿安全监察监管的系统演化博弈分析是为了更好地提高中国煤矿安全监察监管机构的运行效果，而关键在于对国家煤矿安全监察机构、地方煤矿安全监管机构和煤矿企业三者之间在对博弈过程中的利益冲突作长期的动态性分析。因此，本书将在上述中国煤矿安全监察监管的系统演化博弈模型仿真与均衡点稳定性分析的基础上，提出改善煤矿安全监察监管效果的控制情景，并对控制情景进行仿真分析、仿真结果理论证明以及优化研究，提出提高煤矿安全监察监管组织效果的改善对策设计。

1.4　研究方案及方法

本书以风险理论、信息不对称理论、外部性与内部性理论、委托-代理理论、利益相关者理论、政府规制理论、传统博弈理论、演化博弈理论等为指导，采取定性与定量方法相结合、理论分析与情景模拟相结合的模式探讨中国煤矿安全监察监管的系统演化博弈及其有效稳定性控制情景问题。

1.4.1　研究方案

具体研究方案如下:

(1) 对于中国煤矿安全监察监管有效性的定量研究。在总结分析中国煤矿安全监察监管组织结构的形成和发展的基础上,首先对当前煤矿安全监察监管的现状和特征进行分析,然后对中华人民共和国成立以来的煤矿安全生产概况进行总结,指出中国煤矿安全生产状况呈现的整体特点;基于对比分析中国煤矿安全监察体制改革前后煤矿安全监察监管机构的变迁过程,通过构建时间序列模型并不断进行修正,对这一新的煤矿安全监察监管机构的有效性进行分析。

(2) 对于中国煤矿安全监察监管演化博弈模型分析。在相关理论中通过比较分析演化博弈论与传统博弈论,指出传统博弈论在分析煤矿安全监察监管博弈问题上的局限性,而演化博弈理论更加适应于研究中国煤矿安全监察监管问题。首先,确定中国煤矿安全监察监管的演化博弈的主要参与者,并依据博弈参与者的种类个数划分演化博弈的类型,即煤矿安全监察监管单种群演化博弈、两种群演化博弈和系统演化博弈;然后,进一步具体地对各个单种群演化博弈模型、两种群演化博弈模型和系统演化博弈模型进行分析,特别地对由国家煤矿安全监察机构、地方煤矿安全监管机构和煤矿企业三个种群所组成的煤矿安全监察监管问题进行系统性的演化博弈分析,并指出煤矿安全监察监管系统演化博弈问题的复杂动态性和多方参与的特点,决定了将博弈模型动态性分析与不同策略的计算机仿真相结合的必要性。

(3) 对于中国煤矿安全监察监管的系统演化博弈模型仿真与稳定性研究。在群体演化博弈中,某一群体中个体利用模仿(复制)动态来描述其自身的学习演化机制,通过观察并对比自身与同种群中其他个体的收益来进行模仿和学习,从而调整自己的策略选择。煤矿安全监察监管的系统演化博弈的反馈结构更加适合于采用 SD 建立相应的模型进行仿真。因此,首先构建监察监管的系统演化博弈的子系统 SD 模型,进而构建系统演化博弈 SD 模型;然后,对不同煤矿安全监察监管的系统演化博弈均衡点进行仿真以分析系统均衡点的稳定性,即系统纯策略均衡解稳定性分析、系统混合策略均衡解稳定性分析和一般策略演化博弈稳定性分析。

(4) 对于中国煤矿安全监察监管的系统演化博弈有效稳定性控制情景的研究。煤矿安全监察监管系统演化博弈分析是为了对煤矿企业的控制情景进行优化,而控制情景的优化问题关键在于国家煤矿安全监察机构、地方煤矿安全监管机构和煤矿企业之间在对博弈过程中的利益冲突作长期的动态性分析。因此,针对不存在演化稳定策略均衡的煤矿安全监察监管系统演化博弈模型试图提出有效的稳定性控制情景，这种情景使得煤矿安全监察监管系统演化博弈过程的波动性能得到有效控制，且在此状态下煤矿企业的违法行为得到有效控制，并对控制情景进行仿真分析、仿真结果理论证明以及优化研究，并提出提高煤矿安全监察监管效果的改善对策设计。

1.4.2 研究方法

在研究过程中，主要采用了以下几种研究方法：

（1）文献研究法

文献研究是对问题的实际背景和价值作出说明，是对所要研究问题的理论背景和价值的综合阐明。通过对国内外有关煤矿安全监察监管的研究现状进行分析，找出现有研究的不足，从而确定将要研究的问题，在前人研究的基础上继续丰富煤矿安全监察监管的研究。这些研究对于中国煤矿安全管理起到了重大的指导作用，为我们继续进行煤矿安全监察监管的研究提供了良好的基础。

（2）计量经济分析法

计量经济学是一门以统计学、经济学、数学等为基础，从数量上分析物质资料生产、交换、分配、消费等关系和活动规律及其应用的一门综合性科学。计量经济模型和预测广泛应用于经济领域，为制定经济政策提供了科学依据。中国目前的煤矿安全监察监管组织机构是基于国际经验建立的，还需要进一步结合自身情况逐步完善。因此，本书将在对比分析中国煤矿安全监察监管体制改革前后国家煤矿安全管理体制的基础上，通过构建时间序列模型并对其不断修正，对管理体制改革后所形成的新的煤矿安全监察监管机构的有效性进行分析，并总结分析中国现行监察监管机构存在的主要不足，以为国家煤矿安全监察机构、地方煤矿安全监管机构和煤矿企业等提供提高中国煤矿安全监察监管效果的对策和依据。

（3）演化博弈分析法

演化博弈论是 20 世纪 90 年代对传统博弈论的一种完善和发展，它从系统的角度出发，把群体行为的变化过程看作一个动态过程，其演化博弈模型体现了个体行为到群体行为之间的形成机制，是一个具有微观个体行为基础的宏观群体行为模型。在演化博弈过程中，博弈主体根据其可以观察到的信息，对自己的策略选择不断进行修改，以获得较高收益，作为其行动标准。目前，演化博弈论的基本理论框架已经形成，在生物学、社会学及经济学上都有广泛应用，为预测和解释参与者的行为提供了更为准确的研究方法。煤矿安全监察监管的效果取决于国家煤矿安全监察机构、地方煤矿安全监管机构和煤矿企业间的策略选择，各方的策略选择实际上并非处于静止状态，而是随着时间的推移根据可观察到的各种信息在不断调整变化,呈现出复杂动态博弈的特性。因此,为了更好地反映实际情况,本书将对非合作关系的多个参与方在有限理性下长期的动态博弈过程加以分析研究,来探讨中国煤矿安全监察监管的系统演化博弈与控制情景问题。

(4) 系统动力学建模法

系统动力学是研究复杂系统反馈结构与行为的一门科学,已经发展成为研究动态复杂系统的重要方法之一;同时,它也是一门科学的建模学科,提供了规范的计算机仿真复杂系统工具,使用这种工具,我们可以设计和制定出有效的管理政策。在中国煤矿安全监察监管的系统演化博弈中,某一群体中个体利用模仿(复制)动态来描述其自身的学习演化机制,通过观察并对比自身与同种群中其他个体的收益来进行模仿和学习,从而调整自己的策略选择。因此,煤矿安全监察监管的系统演化博弈的反馈结构更加适合于采用系统动力学(SD)建立相应的模型进行仿真分析,可以考虑用系统动力学(SD)来研究煤矿安全监察监管系统演化博弈的反馈结构,对不同均衡策略下的煤矿安全监察监管系统演化博弈均衡点进行仿真以分析系统均衡点的稳定性。

1.5　研究特色

本书的研究特色主要体现在以下几个方面:

(1) 在研究方法上,本书以风险理论、信息不对称理论、外部性与内部性理论、委托代理理论、利益相关理论、政府规制理论、博弈理论等为指导,采取定性与定量方法相结合、理论分析与情景模拟相结合的模式探讨中国煤矿安全监察监管演化博弈及其控制情景问题,以弥补传统博弈论研究煤矿安全监察监管问题的局限性。

(2) 在研究视角上,本书力图从煤矿企业安全管理外部寻找诱发煤矿事故的缘由,将研究的视野从微观转向宏观,从煤矿企业层面转移到国家层面,用系统的观点研究中国煤矿安全监察监管问题,而传统和现有的研究成果多集中于煤矿日常管理内部的技术原因、地质条件和企业内部管理体系存在缺陷而诱发煤矿事故的机理等方面。

(3) 在理论联系实际上,为提高中国煤矿安全监察监管机构运行效果,本书将在国家煤矿安全监察机构、地方煤矿安全监管机构和煤矿企业三个主体间利益博弈动态演化模型仿真分析的基础上,融入不同情景下的有效稳定性控制情景研究。情景设计来源于实际的煤矿安全监察监管问题,提出的控制情景策略更具有实践价值。

1.6　本章小结

本章主要介绍本书研究的背景、问题的提出、研究的理论与实践意义、研究目标、技术路线、研究内容、研究方案以及研究方法，并对本书的研究特色进行预计，确立了本书研究的整体框架和研究方向。

第 2 章　研究综述与相关理论

2.1　基本概念辨析

目前,中国已形成"国家监察、地方监管、企业负责"的煤矿安全监察监管工作格局,也就是说,在煤矿安全监察监管的政策实践中,煤矿安全监察是中央政府的职能,即"国家监察";煤矿安全监管是地方政府的职能,即"地方监管"。国家煤矿安全监察局和地方煤矿安全监管机构共同承担着对煤矿企业安全生产行政执法的任务,两者之间既有区别,又有内在联系。因此,本书有必要首先对煤矿安全监察和煤矿安全监管的内涵进行澄清。

2.1.1　煤矿安全监察

煤矿安全监察是指煤矿安全监察机构依据《煤矿安全监察条例》对煤矿企业执行安全生产法、矿山安全法、煤炭法和其他有关煤矿安全的法律法规以及国家标准、行业标准、煤矿安全规程和行业技术规范等情况实施监察、纠正和惩戒,以防止和减少煤矿安全事故的发生,保障煤矿安全生产和煤矿职工人身和财产安全的行为总称;同时其也对地方煤矿安全监管机构对其属地煤矿企业的日常性煤矿安全监管行为进行监督、检查、指导、建议的行政行为。煤矿安全监察主要体现在图 2-1 所示的几个方面。

本书所称的煤矿安全监察机构是指国务院办公厅《关于印发煤矿安全监察管理体制改革实施方案的通知》(国办发〔1999〕104 号)实施以来,所形成的各级煤矿安全监察机构,包括国家煤矿安全监察局和在省、自治区、直辖市设立的省级煤矿安全监察局及各省在煤矿比较集中的地区设立自己的派出机构——煤矿安全监察分局。国家煤矿安全监察局是代表中央政府从国家的层面行使国家煤矿安全监察职能的行政机构,实行垂直管理,其综合业务和人事、党务、机关财务、后勤、煤矿安全监察人员的考核和组织培训等事务,依托国家安全监督管理总局管理,这种垂直管理的模式有利于煤矿安全监察工作不受地方政府的干涉,从而确保煤矿安全监察机构的独立性。

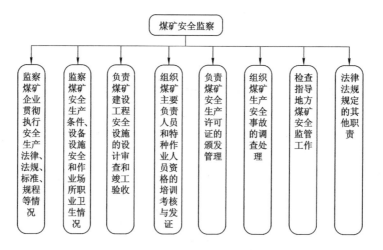

图 2-1　煤矿安全监察的主要体现

（资料来源：《煤矿安全监察条例》。）

2.1.2　煤矿安全监管

煤矿安全监管则是指地方各级人民政府及其煤矿安全监管部门（原煤炭工业管理局）对其属地生产煤矿、基本建设煤矿的日常安全监督管理工作，其依法履行煤矿安全地方监管的职责，并支持和配合国家煤矿安全监察局依法对煤矿企业生产状况进行监察。地方煤矿安全监管是中国煤矿安全监察监管工作的重要组成部分，是地方煤矿安全监管机构的主要职能。煤矿安全监管主要体现在图 2-2 所示的几个方面。

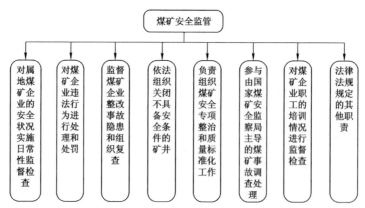

图 2-2　煤矿安全监管的主要体现

（资料来源：《煤矿安全监察条例》。）

但是,在现实生活中,人们对于煤矿安全监察与煤矿安全监管的概念混为一谈,大多把煤矿安全监察等同于煤矿安全监管。在中国煤矿安全监察监管工作中,"国家监察"和"地方监管"都属于规制者,国家煤矿安全监察局和地方煤矿安全监管机构共同承担着对煤矿企业安全生产行政执法的任务,但二者各自内部还有职能、权力、责任上的分工,两者之间既有区别,又有内在联系,如图 2-3 和表 2-1 所示。

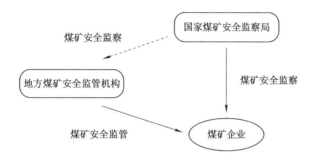

图 2-3　煤矿安全监察与煤矿安全监管的关系

表 2-1　　　　　　　煤矿安全监察与煤矿安全监管的主要区别

区别	煤矿安全监察	煤矿安全监管
执法的主体	国家煤矿安全监察局	地方煤矿安全监管机构
执法的地位	站在国家利益的高度去执法	受地方政府行政区域利益影响
执法的职责:管辖区域	一个煤矿安全监察机构的管辖范围可以包括几个行政区域	每一个行政区域都有自己的地方煤矿安全监管机构
执法的职责:工作重心	主要是"三项监察"	主要是日常性监督检查
执法的职责:事故调查	有组织权	有参与权
执法的职责:关闭矿井	有参与权	有组织权
执法的职责:事故隐患	主要是检查、处理	督促煤矿企业整改和组织复查
执法的职责:安全培训	主要管理矿长和特种作业人员	侧重于一般工种
专门执法的依据	《煤矿安全监察条例》	无

自新的国家煤矿安全监察监管组织机构形成以来,煤矿安全监察和煤矿安全监管二者之间的关系被定位为:煤矿安全监管是煤矿安全监察的重要基础;国家煤矿安全监察局有检查指导地方煤矿安全监管机构的职责,地方煤矿安全监管机构则要配合并落实国家煤矿安全监察局对地方煤矿安全监管机构提出的改善和加强安全管理的建议;国家煤矿安全监察局和地方煤矿安全监管部门应当

建立沟通、协调机制，实行工作通报和信息交流制度，共同构筑监督煤矿安全生产的坚固防线。煤矿安全监察与煤矿安全监管虽然是一字之差，却有着完全不同的两种职能，目前中国两种手段并存，因此两者协调的好坏也决定了中国煤矿安全监察监管工作的效果。

2.2　国内外相关研究动态

2.2.1　国外相关研究现状

国外对于煤矿安全监察监管的研究，又称作煤矿安全管制研究或规制研究，对其无论是规范研究还是实证研究都已经比较成熟，本书根据煤矿安全监察监管的发展历程，从监察监管必要性研究、监察监管有效性研究、监察监管效果影响因素研究以及提高监察监管效果研究等方面对国外主要研究文献进行综述。

（1）监察监管必要性研究

自由市场经济下出现的信息不对称、外部性、垄断等问题为煤矿安全监察监管的产生提供了理论基础，而经济发展导致人的价值的提高，为煤矿安全监察监管系统的创建提供实践上的需求。Lewis-Beck 等（1980）指出，在一些条件下，政府可以在某些高危行业的劳动安全与健康方面起到很好的管制效果，根据对美国煤矿安全状况的研究发现，政府如果把管制内容与煤矿行业相联系，那么这种管制效果会很明显，即政府应该把有限的资源放在对煤矿这个高危行业上来，这样管制会更成功；同时，Gray 等（1993）认为，正是政府对煤矿管制的缺失才造成了煤矿事故的频繁发生，煤矿事故发生率和政府管制政策的强弱有明显的负相关关系，因此主张加强对煤矿安全生产的政府管制。Viscusi（1992）从劳动力市场和安全补偿的角度，分析了影响煤矿企业安全与健康的动因，指出由于矿工地位处于劣势、信息不对称、讨价还价能力低等原因，其没有完全预期到煤矿事故的发生而选择了工作，在发生煤矿事故后，没有获得足够的补偿，这时进行一定的政府管制是必要的；同时，Okazaki（2000）也从市场失灵和信息不对称的角度，分析认为要减少市场失灵对经济尤其是煤矿安全生产的影响，必须实行高度集中的政府管制。Gunningham（2007）指出煤炭行业因其明显的伤亡程度和复杂多变的危险源而应区别于其他一般行业，应建立独立的特殊煤矿安全规制体制。

（2）监察监管有效性研究

随着煤矿安全监察监管理论研究的发展，国外学者对煤矿安全监察监管研究的重点开始转为对其有效性的研究。在此方面，大多采用计量分析方法对煤矿安全监察监管机构,如美国的职业安全与健康管理局(OSHA)和矿山安全与健康管理局(MSHA)所颁布的政策法规如何影响煤矿安全生产状况和政府监察监管机构运行效果或效率进行的研究。煤矿安全监察监管的有效性主要体现在对事故发生率的影响、作业场所伤害程度的影响以及煤矿企业生产效率的影响。

煤矿事故发生率是体现煤矿安全监察监管有效性的主要指标,Lewis-Beck等(1980)采用时间序列法分析了 1932—1976 年这 45 年美国的三项主要管理法案的政策绩效,认为在强势法规(比如 1941 年《矿山监察法》和 1969 年《联邦煤矿健康与安全法》)驱使下,煤矿安全投入增加,煤矿事故率下降,改善了美国的煤矿安全记录;相反,在缺少法律(1932—1941 年)或者仅有弱法(1952 年《联邦煤矿安全法》)的情况下,煤矿安全预算则没有增加,煤矿事故保持在一个固定的水平上,没有出现下降的趋势。因此,他们得出结论:"在一定的条件下,政府能够有效地监察监管煤矿安全"。Gray 等(1991)认为煤矿事故发生率和政府监察监管有明显的相关关系,政府监察监管的缺失是造成煤矿事故发生的主要原因,因此主张加强对煤矿企业安全生产的政府监察监管;同时,Ruser 等(1991)也对政府煤矿安全监察监管的作用进行研究,指出 20 世纪 80 年代政府煤矿安全监察监管对劳动伤害降低的比例为 5%～14%;而 Bartel 等(1985)从微观层面对政府煤矿安全监察监管的有效性进行了考察,发现对煤矿企业的有效监察监管可以使工作场所的事故发生率大幅度下降。

煤矿安全生产监察监管的有效性不仅仅表现在对煤矿事故发生率的影响上,还体现在对煤矿事故伤亡程度的影响上。Gray 等(1993)通过计量分析1979—1985 年美国的职业安全与健康管理局对产业的面板数据,得出煤矿安全监察监管政策使伤亡水平下降了 22%,因此,OSHA 的监察监管效果是有效的;同时,Curinton(1986)研究了安全生产监察监管对企业事故频率和作业场所伤害程度的影响,得出安全生产监察监管行为可以降低作业场所受伤程度,但是对事故频率的影响很小;而 Gray 等(2005)使用 1979—1985 年、1988—1991 年和1992—1998 年三个时期的数据对 OSHA 的效果进行了检验,发现 OSHA 在三个时期对于减少伤害率起到了积极的作用,但这种作用随着时间的变化在不断递减。

煤矿安全生产监察监管的有效性还体现在对煤矿企业生产效率的影响上,Weil(1996)也认为美国的职业安全与健康管理局的煤矿安全监察监管效果是有效的,而且这种有效行为可以影响并改造煤矿企业的行为;Lu 等(2005)研究了煤矿安全监察监管对煤矿企业生产效率的影响,认为煤矿安全监察监管可以有效提高煤矿企业的安全生产效率。

以上学者主要集中于政府煤矿安全监察监管的有效性研究,但有些学者对政府煤矿安全监察监管提出了反对意见,认为对煤炭行业的监察监管基本是无效的,甚至还会阻碍煤炭行业的发展,由此发展出"煤矿安全监察监管无效理论"。Oi(1974)、Diamond(1977)以及 Rea 等(1981)曾以不完全信息假设为基础,分析了煤矿安全监察监管的效果,Oi 和 Diamond 认为煤矿安全监察监管可以提高矿工的期望效用;而在 Rea 的模型中,由于煤矿安全监察监管会造成矿工工资的降低,所以矿工为了获取更多的工资会选择较低的安全水平,从而得出"煤矿安全监察监管会降低安全水平"的结论。Viscusi(1979)分析了煤矿安全监察监管和惩罚变量对伤亡率和职业病发生率的影响,以及对企业在安全方面投资的影响,分析表明 1972—1975 年间煤矿安全监察监管及相关惩罚措施没有产生明显的影响作用,认为煤矿安全监察监管并不能提高煤矿的安全与健康水平,之所以如此,是因为引起安全事故的原因有很多,而政府监察监管只是其中的一个因素,并且政府监察监管仅仅关注于煤矿设施以及技术安全问题,因此往往是没有效率的。Scholz(1991)从政治经济学的角度出发,指出由于政府监察监管机构和企业之间存在利益关系,导致前者不能很好地执行监察监管职能,把他们之间的关系看作一种囚徒困境:如果双方进行合作,则政府监察监管可以有效实施,同时政府会对企业实施更多的监察监管,而官僚机构的无效性难以获得企业的信任,从而不可能进行合作,最终必然是政府监察监管效果甚微。Ruffennach(2002)进一步指出美国煤矿安全生产记录的改善并不是在立法和加强煤矿安全监察监管之后才出现的,相反,早在政府实施严格的监察监管之前就已经存在;同时还认为美国政府在实施煤矿安全监察监管的过程中投入了大量的人力和物力,在运用成本收益衡量时发现,政府实施煤矿安全监察监管成本远大于收益。Baggs 等(2003)通过对华盛顿 1998—2000 年数据的分析,认为在 OSHA 的监察监管和伤亡率降低之间并不存在联系;而 Wright(2004)从政治经济学角度出发,详细考察了中国国有重点煤矿、地方小煤矿和矿工三者之间的关系,分析了中国的煤矿安全管理体制,对管理政策及管理监管机构提出质疑,指出中国煤矿安全监察监管政策并不能从根本上解决中国的煤矿安全问题。

虽然,这种关于政府煤矿安全监察监管有效性的争论在理论界一直存在,但对煤炭这种高危行业来说,政府监察监管的在位与缺失都会对其产生重要影响,而这种影响对市场机制尚不健全的中国来说更为显著。

(3) 监察监管效果影响因素研究

在讨论煤矿安全监察监管效果的影响因素时,Keiser(1980)和 Greenberg(1985)通过研究政府对煤矿行业的监察监管发现,煤矿安全监察监管机构和煤矿企业面临着公共安全和个人利益的选择,二者的博弈贯穿于煤矿安全监察监管机构的整个监察监管过程中,当煤矿企业的力量足够强大时,煤矿安全监察监管机构可能被俘获,其制定的政策也不可避免地被煤矿企业所左右,认为在煤矿安全监察监管俘获中的斗争是"政治生活的本质"。同时,Curinton 选取面板数据对监察监管进行计量分析,对不同行业不同安全事故所造成的不同伤害作了区分,需要结合特定的产业来考察、分析政府安全监察监管的效果;Lanoie (1992)模仿 Curinton 的方法,对加拿大魁北克 OSH 委员会安全监察监管的绩效进行计量分析,建立了委托-代理模型来分析安全监察监管的效果,模型考虑了企业行为和工人对安全事故的影响;Pringle 等(2003)详细考察了中国的煤矿安全管理体制,对管理政策及管理监管机构提出质疑,认为煤矿安全监察监管不力是造成监察监管效果低下的主要因素。

在讨论煤矿安全监察监管效果的影响因素时,矿工的行为很容易被忽视。Klick 等(2003)分析了煤矿矿工在工资和安全水平之间的选择,得出煤矿矿工的努力行为与矿工的工资呈正方向变动,与安全水平呈负方向变动,矿工的"逆向行为"可能会极大地削弱煤矿安全监察监管效果,Klick 等将这种影响称为"Peltzmn 效应"。

（4）提高监察监管效果研究

国外学者也从不同的角度开展对提高煤矿安全监察监管效果的改进措施方面的研究,主要集中于煤矿安全监察体制的弊端分析及监察监管模式的改进、建立矿工事故补偿机制以及加强对矿工的安全管制。

针对美国的职业安全与健康管理局监察监管的"无效现象",Viscusi(1986)应用 RISKit 等式衡量工业部门 i 在 t 年度的风险状况,并以 1973—1983 年的数据分析该期间美国职业与健康安全法的政策效果,对如何提高 OSHA 的监察监管效果提出了具体建议,认为 OSHA 的监察监管制度太细,应该放松具体措施,对危险煤矿征收罚金并对伤亡事故进行具体记录等措施有助于提高监察监管的效果。Thomson(1996)从市场化角度对一些成功与失败的监察监管政策进行了评价,得出我国政府不愿将煤炭工业完全市场化的结论。Shen 等(2001)认为中国小煤矿监察监管失效是由于缺乏有效的市场机制,主要表现为:产权不明晰,小煤矿开采是自由进入的;国有大煤矿煤炭销售是国家定价,而小煤矿则是按照市场价格交易;小煤矿按照市场规律运行,国有大煤矿受行政指挥,因此国有大煤矿不会像小煤矿一样把追求利润作为唯一的目标。而 Andrews-speed 等(2003)从中国乡镇煤矿的法律法规的制定程序、内容和执法机构等角度分析了中国乡镇煤矿的管理体制,认为中国乡镇煤矿的管理体制复杂而无效,建议建立一套简单、有针对性的管理体制专门管理乡镇煤矿。

在煤矿安全监察监管模式方面,Boal(2003)对美国 20 世纪早期的煤矿开采研究发现,工会能够将事故发生率降低40%左右,工会在煤矿层面最为有效,应当加强工会在煤矿安全监察监管中的作用;Watzman(2004)介绍了近年来美国采掘业伤亡事故率降低的原因,发现由于管理者、员工以及监管者追求零事故伤亡率、自发的安全意识、精良的设施、先进的技术、改进的工程方式、高效而持续的培训、健康安全管理协会和政府监察监管部门的强有力监察监管等七方面的变化,促使采掘业焕发出新的活力;Ando(2004)探讨了日本煤矿安全措施的变迁、安全政策以及与国际技术合作,启动政府与矿业权持有人共同建立日本安全自我保护系统,建立预警系统,强化安全投入机制;Weber(2004)介绍了德国鲁尔集团井下事故成因、安全健康创新理念及培训计划、预测,指出安全投入重点已转移到身体健康、安全环境的投入和安全培训方面。

在事故补偿机制方面,Viscusi和Moore(1987,1989)从矿工补偿的角度进行分析,指出在缺少对工人事故赔偿机制的情况下,致命事故率上升20%以上,认为应该通过改变赔偿标准来对矿主和矿工进行经济刺激,进而形成安全生产的动机,降低安全事故发生率;Oi(1995)从矿工补偿与死亡率关系方面进行了研究,认为应当通过改变补偿标准来改变矿主和矿工的成本收益函数,从而对矿主和矿工产生经济激励,进而形成安全生产动机,降低事故发生率。但也有学者认为,事故赔偿和安全状况之间的关系并不明显,Krueger(1988)指出"道德风险"的存在会使事故赔偿增加,从而导致更高的事故率。一方面,因为设立了事故赔偿机制,很多工人在工作中会放松对劳动风险的警惕性而导致事故伤害;另一方面,一旦发生事故,工人可能为了获取更多的赔偿而采取造假的方式,或者过分强调自己受伤的程度等。Viscusi(1988)通过实证进一步得出结论:赔偿数额的增加会增加小事故发生的概率,但是会减少死亡事故的发生率,因为在死亡事故中很少有"道德风险"。

在完善政府煤矿安全监察监管体制和事故赔偿机制的同时,还应侧重对矿工劳动安全管制的研究,Viscusi(1979)通过研究发现,当企业改善工人的工作条件,提高劳动安全质量后,工人的劳动安全努力程度会下降,防范劳动风险的行动水平会降低,这种现象与煤矿安全监察监管的初衷是相违背的。因此,很多学者依据Viscusi的研究结果对煤矿安全监察监管体制进行进一步的分析,指出提高矿工自身的安全生产意识要比改善外部劳动环境更加有效。

2.2.2　国内相关研究现状

作为工作场所安全监察监管的重要组成部分,煤矿安全监察监管在发达国家已经引起了政策界和学术界的广泛关注,并取得了一系列的研究成果。而国内学者近年来也开始关注煤矿安全监察监管领域的研究,分别针对不同的主体,从不同的角度对煤矿安全监察监管问题进行研究,研究内容同样可以归纳为以下几个方面。

(1)监察监管必要性研究

近年来,随着中国煤矿重大事故的频繁发生,国内学者也开始关注煤矿安全监察监管的必要性问题。李红霞等(1997)从经济学理论的角度认为安全作为"公共产品"存在着严重的短缺,对于公共产品来说,"免费搭车"现象广泛存在,尤其是在煤炭行业,因此政府应该加强对煤炭行业安全生产的管制;赵连阁(2006)指出,中国煤矿事故多发的根本原因在于政府煤矿安全监察监管的缺位,导致煤矿企业安全投入不足,一定水平的政府煤矿安全监察监管是确保煤矿企业进行安全投入的必要条件;梁海慧(2006)采用制度分析的方法从企业内部和外部两个角度来审视中国煤矿企业安全管理的制度安排问题,认为从煤矿企业安全管理的外部约束机制来看,煤矿企业伤亡事故频发的原因主要在于政府管制的缺陷;肖兴志等(2006)和郭丽(2013)从外部性、信息不对称、买方垄断等角度对煤矿安全监察监管的理论依据进行了论证,指出外部性、信息不对称、买方垄断等市场运行基础性缺陷导致煤矿安全配置低效,政府煤矿安全监察监管可以限制垄断力量的运用,改变对从业人员的激励,促进外部性内部化,减少信息不对称,从而纠正市场失灵,保障煤矿安全生产和矿工合法权益;潘佳妮(2011)从煤矿官商勾结方面指出煤矿安全规制的必要性;肖斌(2013)从外部性角度对煤矿事故发生频繁进行经济学分析,寻找降低煤矿外部性影响的合理建议,主张建立高质量的煤矿安全监察监管体系。

(2)监察监管有效性研究

国内关于煤矿安全监察监管有效性的研究有限,都是最近几年才开始的相关研究。肖兴志等(2006)通过对 13 个煤矿安全事故调查报告的研究,分别从政府规制和企业制度两个方面探讨煤矿安全制度安排中出现的问题,并在此基础上论述了治理中国煤矿安全事故的根本出路。梁晓娟(2007)采用计量经济学分析的方法对中国煤矿安全监察监管的效果进行实证研究,探讨影响煤矿安全监察监管效果的主要因素及其影响程度,并提出提高中国煤矿安全监察监管效果的建议。肖兴志等(2008)在煤矿安全监察监管效果理论分析基础上,采用 VAR 模型实证检验中国煤矿安全监察监管的效果,指出中国煤矿安全监察监管在长期内是有效的,可以显著降低煤矿百万吨死亡率,但这种有效性在短期内会被煤矿工人的"逆向行为"所抵消。马宇等(2008)对中国煤矿安全生产监管政策的效果进行了实证研究,结果发现监管政策对国有重点煤炭企业和乡镇煤炭企业都具有显著的改善作用,而对国有地方煤炭企业的改善效果不够显著。苗金明(2009)借助计量经济学回归方法,通过规制效果检验模型实证分析得到,中国煤矿安全规章制度对国有煤矿的安全生产具有良好的效果。肖兴志等（2010）构造了矿工素质与煤矿安全监察监管效果关系模型，实证结果表明，矿工的低素质会严重地降低煤矿安全监察监管效果。聂辉华等（2011）利用 1995—2005 年省级层面的国有重点煤矿死亡事故样本，检验了地方政府和煤矿企业之间的合谋以及其他因素对煤矿事故的影响，得出选择年轻的异地主管官员并且增加其流动性、提高煤矿安全监察机构的独立性对于降低煤矿事故死亡率具有非常重要的作用。臧传琴等（2012）从不同类型的煤矿企业与规制结构的信息不对称程度方面，对煤矿安全规制的效果进行研究，指出煤矿安全规制长期效果良好；秦小东（2013）以规制波动理论为基础，利用 2006 年 1 月至 2011 年 12 月中国 9 省市的面板数据，对煤矿安全规制效果进行了实证分析。陈长石（2013）使用相关月度数据对中国煤矿安全规制效果分别采用线性 VAR 模型与非线性 STAR 模型进行了实证分析，VAR 模型研究表明，前期发生事故导致的煤矿安全规制水平增加会导致后期煤矿安全规制水平的提高，且会维持较长时间；STAR 模型研究表明，煤矿安全规制可划分出三个运行状态（低规制水平状态、正常状态以及高规制水平状态），仅当处于正常状态时，煤矿安全规制了是有效的。

（3）监察监管效果影响因素研究

在影响煤矿安全监察监管效果的因素方面，肖兴志等（2009）认为中国煤矿安全生产形势不容乐观，究其原因在很大程度上与政府煤矿安全监察监管的不当密切相关，从理论层面分析，可以归结为没有正确认识和处理好煤矿安全监察监管中的委托-代理关系。刘穷志（2006）认为，中国煤矿安全管制是一种典型的监察监管博弈，政府管制机构的责任心和对煤矿不安全行为的惩罚有效地遏制了煤矿安全风险，再加上煤矿企业的安全培训与安全投入加大，有力地保障了大多数煤矿企业的生产安全，但是地方政府利益保护和管制官员与矿主的合谋，导致了安全事故频发。李豪峰等（2004）利用博弈模型从中国煤矿安全监察监管体制弊端的视角进行分析，指出目前中国实行垂直管理的煤矿安全监察监管体制对于煤矿企业的安全管理和安全投入有着重要的影响。郑爱华等（2006）认为煤矿企业安全投入不足导致煤矿事故频发，从博弈论的角度对安全投入的执行和监管问题进行分析，通过模型的构建，剖析影响煤矿企业安全欠账的因素，指出企业是否选择欠账更多受政府的监管能力、惩处措施、监督成本以及安全事故的危害性影响。纪平维（2010）指出可以通过互相调整煤炭产业或煤矿安全监管体系来达到改善煤矿安全事故状况。陈长石等（2010）在新规制经济学理论框架的基础上，采用两阶段最小二乘法（TSLS）验证了煤矿安全规制以及煤矿企业与安全规制机构之间信息不对称对社会福利损失所造成的影响。贾玉玺（2011）从影响供求关系、生产可能性边界等方面来分析寻租对煤矿规制造成的失灵，指出把煤矿企业中的工会组织发动起来对加强煤矿安全监管能起到很大的作用。李洁等(2011)从煤矿安全监察监管相关利益者角度指出煤矿安全监察监管失灵的原因:中央政府监察政策存在漏洞、矿产资源产权不明、煤矿安全监察和监管机构配置失当、存在地方政府俘获问题、利益相关者间信息不对称以及存在煤矿工人的"逆向选择"。白重恩等(2011)归纳、分析并检验了1999年以来煤炭行业关井政策对乡镇煤矿安全影响的规制与产权这两种对立观点,规制观点认为该政策有助于企业提高安全投入从而降低死亡率,产权观点认为该政策造成了企业产权不稳定从而提高了死亡率,指出两种观点均具有合理性,但通过利用1995—2005年以来省际平数据和双差法的经验检验表明,关井政策显著地减少了乡镇煤矿产量,但却导致其死亡率显著上升,即产权观点更符合事实。王建林(2012)指出在煤矿安全规制的标准制定与执行中存在偏差现象,地方规制机构会低标准地执行中央政府的标准。李然(2014)深入分析了影响中国煤矿安全规制效果的因素,并依据构建评价指标体系的原则,确定了煤矿安全规制效果的3个评价指标因素,即煤炭百万吨死亡率、煤炭产量和煤炭行业的利润水平,最终确立了煤矿安全规制效果的评价指标体系。

(4)提高监察监管效果研究

国内学者也从不同的角度对现行煤矿安全监察监管的弊端以及对监察监管政策、体制的改进措施等方面做了大量研究,主要可以分为以下几类。

第一类,从经济学角度进行研究。

从经济学角度,慕庆国等(2004)从煤矿安全监察的激励机制角度进行研究,认为要实现煤矿安全生产,就必须对煤矿安全监察员进行激励;而肖兴志(2006)指出随着市场经济机制的逐渐完善,局限于行政性、计划性的煤矿安全管制已经暴露出效率上的缺失和效果上的失灵,迫切需要探求基于煤矿自身利益视角的煤矿安全管制的路径。钟开斌(2006)通过引入一个有关地方政府治理选择的模型,集中分析了煤矿安全监管中地方官员基于成本收益原则与中央、地方之间委托-代理关系基础上的行为选择,指出需要进一步改革和调整中国煤矿安全监察监管制度,强化国家制度建设。王宏强等(2006)从制度经济学视角分析了在煤炭安全生产中存在的交易成本对生产成本的替代现象,以及煤炭行业管制所带来的寻租和官商勾结问题。林汉川等(2008)将安全视为煤矿企业特殊的产品供给,发现在缺少安全管制、责任规则的情况下,安全产品收益的滞后性、安全产品的外部性以及煤矿企业的高风险偏好都会导致安全产品的供给不足,因此,要激励煤矿企业增加安全供给,政府安全管制与责任规则一定要有效结合。肖兴志等(2010)通过比较不完全信息与完全信息下工人与煤矿企业预防投入,分析揭示煤矿安全监察监管中的"道德风险"问题,指出在社会强制保险的前提下,政府监察监管行为并不必然是帕累托改进，也并不必然提高社会福利水平，同时强调煤矿安全监察监管机构应对工人的安全预防行为给予更多的关注；肖兴志等（2010）依据中国煤矿安全规制过程中出现的规制波动现象，将经济激励环境引入模型分析以诠释中国煤矿安全规制和煤矿生产之间的微妙关系。沈斌（2011）针对在完全信息和不完全信息下的地方政府监管机制、中央政府监察机制分别进行研究，寻找使中国现行安全生产体制有效运行的方法和途径；许超等（2012）指出在现行的煤矿安全监察监管体制下，中央政府、地方政府作为监察监管的主体，他们之间存在着委托-代理关系，地方政府相对中央政府而言掌握着更多的有关煤矿企业安全生产状况的信息，地方政府作为监管代理人为追求自身利益最大化而选择隐匿部分信息，主要表现形式是地方政府与煤矿企业合谋。因此，为提高煤矿安全监察监管效果，需正视中国煤矿安全监察监管中的信息不对称问题。

第二类，从国际比较角度进行研究。

国内还有一些学者通过比较分析国外煤矿劳动安全监察监管体制，为中国煤矿劳动安全监察监管体制的变革提供经验借鉴。如赵铁锤（2000）研究了美国煤炭行业安全监察的立法历史、机构设置，提出了构建适合中国国情的煤炭行业安全监察体系的建议；张秋秋（2007）、肖兴志等（2006）、李新娟（2011，2012）、黄刚（2013）、邓箐等（2013）等通过对美国、英国、南非、澳大利亚、德国、日本、印度煤矿安全规制体制的分析比较，总结国外煤矿安全监察管理的成功经验，指出中国煤矿安全监察监管系统存在的问题，并提出中国煤矿安全监察监管体制改革的路径，试图寻求一条适合中国煤矿安全规制体制变革的理想道路。

第三类，从博弈论角度进行研究。

博弈论研究的是人与人之间利益相互制约下策略选择时的理性行为及相应结局，煤矿安全监察监管问题中充满了各种博弈问题。因此，国内许多学者从博弈的角度对中国现行煤矿安全监察监管系统的弊端进行分析并提出对监察监管政策、体制的改进措施。周庆行等（2005）通过对非对称信息动态博弈模型的分析得出，在"政企不分"的生产机制下，政府对煤矿企业的监管是"退化"的，需要对监管建立惩罚和激励机制；陈宁等（2006）从煤矿安全事故发生的规律出发，发现煤矿企业安全投入低是煤矿企业与监管机构双方博弈的结果，煤矿企业对其安全的投入取决于监管机构的监管力度；同时，林汉川等（2006）又指出中国煤矿安全事故发生的根本原因在于没有建立一套综合的、系统的、严密的、持续改进的煤矿安全生产保障体系，建议从中国煤矿安全生产的思想、制度、监察、技术、全员和全过程等方面出发，构建煤矿安全生产保障体系与运行模式，并提出中国近期遏制煤矿安全事故的制度措施。周敏等（2006）对煤矿安全监管机构与矿工、煤矿老板之间的博弈关系进行分析,得出三方合作博弈的可行解集;胡文国等(2008)在对中国煤矿生产安全各相关者在生产安全监管中的收益、损失进行分析的基础上,构建各利益相关者的收益函数,并运用博弈论的方法分析各相关者在生产安全监管中的合作与博弈行为。卢晓庆等(2009)建立了地方政府和煤矿企业之间的安全监管博弈模型,指出短期看来,加大对企业不安全行为的惩罚力度,可以在很大程度上减少煤矿安全事故的发生,但从长期来看,政府应加大对企业的监管力度;凤亚红等(2011)也建立了地方政府和煤矿企业之间的安全监管博弈模型,重点从政府监管角度找出煤矿安全事故多发的原因,并提出了提高煤矿安全管理水平的政等建议。黄学利(2010)通过分析煤矿规制者、被规制者和规制受益者三方之间的博弈,揭示中国煤矿安全规制的问题及原因,并从规制体制方面提出建议;沈斌等(2010)和宋艳等(2011)针对中央政府、地方政府、煤矿企业和煤矿员工四个行为主体进行两两博弈,研究中国煤矿企业安全生产管制效果影响因素和管制力度相对不足的问题,并提出相应的对策建议。

　　近几年,还有一些学者将演化博弈理论应用于煤矿安全监察监管体制的研究。付茂林等(2006)运用进化博弈理论建立了存在腐败的煤矿安全监察演化模型,指出存在腐败的演化博弈模型的稳定状态主要与煤矿安全投入成本、事故发生后煤矿所受损失、事故率及煤矿贿赂成本相关。付茂林和刘朝明(2007)通过分析正常情况下的监察演化博弈模型,指出演化博弈模型的稳定状态与企业的收益无关,而与煤矿安全投入成本、事故后企业所受的损失、事故率以及监察机构的监察成本有关。付茂林和郭红玲(2007)建立了监察变异条件下的煤矿安全监察机构监察行为进化博弈模型,指出监察变异条件下的监察机构监察行为稳定状态主要与监察机构受贿金额、认真执行监察职能获得的激励、不认真执行监察职能节约的成本、上级领导监督概率、不执行监察职能所受处罚相关。付茂林、郭红玲(2008)和黄定轩等(2011)建立了贿赂概率恒定时和最优受贿概率时的煤矿安全监察机构监察行为的演化博弈模型,分析了上述两种情况下的演化博弈模型的稳定状态与监察人员接受贿赂大小、监察人员得到的激励、监察成本、受监督程度以及期望损失的关系。李娟等(2011)运用系统动力学建立煤矿安全监管中监管部门与煤矿企业之间的混合战略演化博弈模型,得出混合战略模型不存在演化稳定均衡点;同时,建立的混合策略演化博弈 SD 模型刻画了博弈参与者之间的长期行动趋势。刘洋等(2012)运用演化博弈理论构建了单一煤矿群体安全生产行为博弈模型和非对称煤矿安全监察博弈模型,通过复制动态方程的动态趋势和稳定性分析对煤矿安全监管进行了深入的探讨,指出降低煤矿安全生产成本、降低监察成本和提高监察效率、提高惩罚力度等都将使煤矿安全监管博弈向着良好的方向演化。路荣武等(2012)建立了煤矿安全监察与煤矿企业安全生产的演化博弈模型,分析煤矿企业策略选择的演化过程,指出演化博弈模型不存在演化稳定策略均衡,必须对监督者的策略集进行下限约束,才能有效保证煤矿企业选择安全生产策略。王文轲(2013)从有限理性角度出发,采用演化博弈论建立了考虑政府监管的煤矿企业安全投入的演化博弈模型,指出降低煤矿企业安全投入成本、降低监察成本、提高惩罚力度等都将使煤矿安全投入朝着良好的方向演化。刘永亮等(2013)也从有限理性角度出发,基于进化博弈理论,建立了煤矿安全管理与矿工违章行为进化博弈模型,分析了博弈双方的复制动态方程及动态进化过程,揭示了博弈双方的行为特征及其对稳定状态的影响。马晓楠(2013)运用演化博弈和互惠博弈理论研究煤矿安全监管机构和煤矿企业之间的博弈引发的煤矿安全问题,建立了煤矿企业与煤矿安全监管机构的演化博弈模型,分析煤矿生产安全事故周期性波动的演化机理,得出煤矿安全监管演化系统在混合策略均衡点附近的运动轨迹是以均衡点为圆心的极限环,随着煤矿生产安全监管力度的周期性波动,煤矿生产事故发生比例也将出现周期性波动。

第四类,其他改进煤矿安全监察监管效果的相关研究。

除了以上研究角度外,孙广忠等(2000)通过对建立国家煤矿安全监察监管体制和煤矿企业安全管理新模式的分析,论述了今后煤矿企业安全管理部门在机构设置、职责权限、工作依据、工作重点方面的转变;郑爱华(2009)采用动态两阶段博弈模型,探讨政府与企业的动态博弈关系,研究监管力度的选择、监管的手段和监管对象的确认以及如何与企业安全投入策略相结合,政府如何实施分类管理,以提高政府监管的效率,政府监管应区分企业的不同类型及其安全投入策略,运用多种手段实施有效监管;郭刚(2012)运用科学发展和改革创新理念,针对国家煤矿安全监察机构面临的机遇和挑战,认为当前应当调整工作职责与重心,体现国家监察权威;联合地方政府部门,提升履职能力与行政效力,改进机构管理体制,推进煤矿安全监察事业的科学发展;还有学者把运筹学、图论和力学等应用到煤矿安全监管工作中,如余时芬(2008)、薛剑光(2010)在分析已有煤矿安全监督管理研究成果的基础上,开展煤矿安全监管与管理的量化表达方法创新研究。汤道路(2014)建议设立国家矿山安全监察局,实行跨行政区划的大区制结构,将非煤矿山也纳入监管职责;建立矿山安全健康委员会,由政府监管部门、矿山企业、矿山工人以及矿山安全服务的市场提供者各自派出代表组成,形成"四方合作"框架。

2.2.3　研究现状评述

综上所述,国内外学者对煤矿安全监察监管的一些研究主要集中在煤矿安全监察监管的必要性研究、监察监管的有效性研究、监察监管的影响因素研究以及如何提高监察监管效果的措施等方面的研究。从现有研究可以看出，煤矿安全监察监管对保障煤矿安全生产具有重要意义，其已经得到许多学者的高度重视，而且学者们也针对中国目前煤矿安全监察监管存在的问题，提出了一些宏观的控制策略和改进途径，这些研究对于中国煤矿安全管理起到了重大的指导作用，为我们继续进行煤矿安全监察监管的研究提供了良好的基础。但目前研究仍存在如下几个方面的缺陷。

首先，纵观国内外关于煤矿安全监察监管的研究，可以发现传统博弈理论被广泛应用到煤矿安全监察监管问题的利益冲突分析中，但是：

（1）传统博弈理论对于煤矿安全监察监管参与方的一个重要假设是"完全理性"和"共同知识"，这往往与实际情况不符。

（2）传统博弈理论对于煤矿安全监察监管各参与方如何达到均衡点的过程缺乏分析与解释，忽略了其博弈过程的动态性研究。在实际煤矿安全监察监管博弈过程中，各参与方由于处于"有限理性"和"不完全知识"的状态，博弈初始阶段随机选择自己的策略，但是随着时间的推移，其策略选择并非处于静止状态，而是根据其可观察到的各种信息在不断调整变化，呈现出复杂动态博弈的特性。

（3）传统博弈问题大多局限于国家煤矿安全监察局或地方煤矿安全监管机构与煤矿企业两个博弈参与方，而没有区分国家煤矿安全监察局和地方煤矿安全监管机构之间的差异，更没有对这三者之间在有限理性下的长期动态博弈过程进行系统博弈分析。在中国煤矿安全监察监管过程中，"国家监察""地方监管"都属于煤矿规制者，但二者各自内部还有职能、权利、责任上的分工，二者并不是一个利益完全一致的参与者。

其次，目前针对如何提高中国煤矿安全监察监管效果所提出的措施、策略和实现途径多是宏观的，没有很强的针对性。煤矿安全监察监管演化博弈分析是为了给中央政府对煤矿企业的控制情景进行优化提供建议，而控制情景的优化问题关键在于对国家煤矿安全监察局、地方煤矿安全监管机构和煤矿企业之间的利益冲突进行长期的动态性分析。

此外，既有演化博弈类文献在分析该类问题的时候，大多是对此类博弈模型是否存在演化稳定策略，而没有提出针对不存在演化稳定策略均衡的博弈模型的控制情景，仅仅是分析问题，而并没有提出解决问题的途径。

因此，本书将研究的视野从微观转向宏观，从煤矿企业层面转移到国家层面，用系统的观点研究中国煤矿安全监察监管问题。以"中国煤矿安全监察监管系统演化博弈分析与控制情景研究"为题，分析中国煤矿安全监察监管的形成和发展,总结当前煤矿安全监察监管的现状与特征,并对其有效性进行分析,指出当前煤矿安全监察监管机构存在的主要问题,进而从演化博弈的视角对煤矿安全监察监管问题进行分析,将中国煤矿安全监察监管的演化博弈划分为单种群演化博弈、两种群演化博弈和系统演化博弈,进而对上述煤矿安全监察监管单种群演化博弈模型、两种群演化博弈模型和系统演化博弈模型进行分析。然后,将基于SD的计算机仿真手段与动态演化思想相结合,构建由国家煤矿安全监察局、地方煤矿安全监管机构和煤矿企业三个种群所组成的煤矿安全监察监管的系统演化博弈SD模型,并通过对模型进行求解与仿真分析,揭示各利益相关者进行决策的行为特征及其稳定状态,从而提出改善煤矿安全监察监管效果的控制情景,并对控制情景进行仿真分析、仿真结果理论证明以及优化研究,以为提高煤矿安全监察监管效果提供理论支持和经验上的借鉴及启示。

2.3　相关理论

中国煤矿安全监察监管工作涉及面广、影响因素多、制约关系复杂,对中国煤矿安全监察监管演化博弈分析及其控制情景的研究必须建立在相关理论基础之上。本书认为,科学认识中国煤矿安全监察监管问题离不开以下理论的指导:风险理论、信息不对称理论、外部性与内部性理论、委托-代理理论、利益相关者理论、政府规制理论、传统博弈理论以及演化博弈理论等。

2.3.1　风险理论

《职业健康安全管理体系》(GB/T 28001—2011)中把"风险"定义为由客观的不确定性的事件引起的不确定性效果。该不确定性后果通常由事件发生后的后果和可能性来衡量,如式(2-1)所列。对煤矿企业来说,风险无处不在,是永远存在的,我们不可能完全消除风险,但可以把风险尽可能地降到最低。风险管理的过程主要包括风险识别、风险分析、风险评估以及风险处理。

$$R = f(p, C) \tag{2-1}$$

式中　R——风险;

　　　p——某一特定危险情况发生的可能性;

　　　C——某一特定危险情况发生后可能造成的损失。

危险源是风险的根源,我们可以把煤矿企业风险的类型依据危险源的不同划分为四大类:来自人的行为危险源、来自机和环的物态危险源、来自人的观念危险源和来自管理的制度危险源,如图2-4所示。具体来说,这里的人是来自管理层、操作层等煤矿企业所有工作岗位的人员;机是对煤矿企业中所有机器设备、材料等的统称；环即环境条件，包括煤矿自身地质条件（地质构造、高低瓦斯矿井、断层、水文等）和人为创造的环境（噪声、通风、巷道布局、工作面布置等）；管理主要指组织机构、规章制度等。

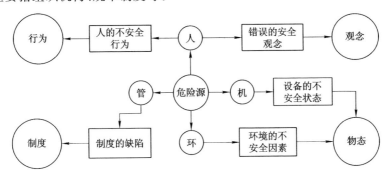

图 2-4　煤矿事故风险的来源(a)

危险源是造成事故的根源或状态，是风险的来源，可以划分为根源危险源和状态危险源。状态危险源是针对根源危险源而言的，状态危险源是根源危险源的不安全状态（见图 2-5、图 2-6），即隐患。危险源是风险存在的前提，没有危险源就无所谓风险，但有危险源并不意味着风险必定出现。当全部的危险源都处于受控状态时，风险就不会出现；当危险源处于失控状态，即隐患或不安全行为发生时，风险就会出现。基于危险源的事故致因机理如图 2-7 所示。

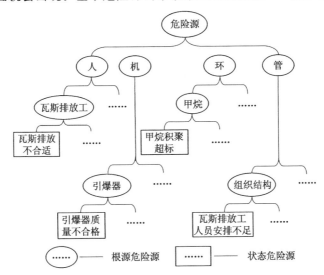

图 2-5　煤矿事故风险的来源(b)

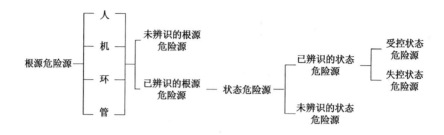

图 2-6　危险源的分类

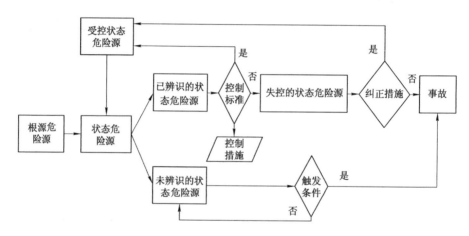

图 2-7　基于危险源的事故致因机理

因此，由图 2-7 可知，对于风险的预控，应加强对已辨识状态危险源的控制，使之演变为事故致因的概率极小化；加强对根源危险源和状态危险源的辨识，尽可能做到辨识极大化。

2.3.2　信息不对称理论

信息不对称现象在采矿领域很突出，大部分煤矿企业在本身的安全现状方面具有完全信息，而国家煤矿安全监察局和煤矿职工属于信息劣势，此时，煤矿企业可能会把本应该自己承担的风险成本转移到国家煤矿安全监察局和煤矿职工身上。

煤矿信息不对称通常会带来两个问题：一是具有信息优势的煤矿企业在最大限度地提高自身收益的同时做出不利于他人的行为，即"道德风险"问题，如在煤矿安全监察监管过程中，国家煤矿安全监察局无法准确观测到煤矿企业的安全生产状况,而煤矿企业作为信息占有优势方可能会做出损害社会利益的行为,同样,国家煤矿安全监察局也无法准确观测到地方煤矿安全监管机构的监管行为。二是处于信息劣势地位的国家煤矿安全监察局或煤矿工人出现"逆向选择"问题,如当国家煤矿安全监察局在对煤矿企业进行监察时,煤矿企业会不同程度地隐瞒自己的安全问题,国家煤矿安全监察局如果误信了安全生产状况较差的煤矿企业的安全生产状况说明而不对其进行监察,会在一定程度上打击那些按照国家相关的法律、法规等进行安全投入的煤矿企业的积极性,最终导致不愿意进行安全投入的煤矿企业增加,这样便产生了"逆向问题";再如随着职工经验的积累,他们将会不断地修正其对煤矿安全生产状况掌握的信息,在得不到其他方面补助的情况下,他们可能会选择辞去工作,而不具有生产经验的矿工则会被重新招入企业,造成更高的事故率,引起恶性循环。

2.3.3　外部性与内部性理论

煤矿安全生产的外部性是指在煤矿企业从事煤炭生产活动时,其成本与后果不完全由从事该生产行为的煤矿企业和职工承担,而是向市场之外的第三方强加成本或收益。外部性不存在市场交易,而是一种强加于向市场之外的第三方的一种成本或收益。根据煤矿安全生产活动是增加还是减少了外部第三者的成本或利益,煤矿安全生产的外部性可分为正外部性和负外部性。正外部性是煤矿企业的生产行为不仅使煤矿企业、煤矿职工受益,还使他人或社会受益,而受益者却无须支付任何成本;负外部性则会使他人或社会受损,而煤矿企业却无须承担任何代价。

内部性的概念是与外部性相对应而产生的。内部性是发生在市场交易之内,但没有在合约中反映出来的成本或收益。煤矿安全生产的内部性是指煤矿企业与其职工没有在合同条款中反映的成本或收益,内部性产生的根源在于煤矿企业与其职工间存在信息不对称,拥有信息优势的煤矿企业利用自己的信息优势在与职工的合同中隐瞒相关安全状况的信息而获得收益,使处于信息劣势地位的职工承受合同中没有反映的损失。煤矿安全生产的内部性也可以分为正内部性和负内部性,正内部性通常对应于煤矿企业本身的收益,而负内部性则表现为职工的损失成本。

与煤矿安全生产相关的内、外部性问题,尤其是负内、外部性问题,主要表现为煤矿伤亡事故、职业健康危害和环境破坏或污染等,煤矿安全生产活动的负内、外部性表现如表 2-2 所列。

表 2-2 煤矿安全生产活动的负内、外部性表现

类别	负内、外部性表现内容	备注
死亡	内、外部人员失去生命	
伤害	内、外部人员受到伤害	任何一起安全生产事故的后果常常是其中之一或它们的组合
疾病	内、外部人员产生疾病,如职业危害等	
损失	内、外部重大经济损失	
环境破坏	造成周边环境破坏或污染(负外部性)	
其他影响	如文化影响、精神影响和道德影响等	

煤矿企业的不安全生产行为既造成了企业本身的损失,也给他人,比如受到事故伤害的职工家属带来了损失,但这部分损失并不由煤矿企业承担,因此不利于煤矿企业积极进行安全投入。政府在解决煤矿企业的负外部性问题时采用的解决办法主要是直接管制方式,比如提高事故伤亡职工家属的赔偿金额等,使煤矿生产负外部性内部化。当煤矿企业加大安全投入时,就相应地降低了事故发生率,从而产生正外部性,在这种情况下就需要政府对煤矿企业产生的正外部性成本进行补偿,以使其保持进行安全投入的动力。综上,外部性理论和内部性理论是政府在对煤矿企业安全生产活动进行监察监管过程中综合运用约束性管制策略和激励性管制策略的理论依据。

2.3.4 委托-代理理论

委托-代理理论产生于 20 世纪 60 年代末,该理论主要研究信息不对称条件下行为主体之间(委托人和代理人)的委托-代理关系以及约束激励机制问题,主要指委托人根据其自身的利益需求委托并赋予代理人一定的权利进行一些活动,以达到自身的利益满足。从自身利益的角度考虑,在现实生活中,委托人和代理人在责任、权利、利益等方面往往存在冲突,主要体现在以下几个方面:

第一是两者利益不一致。在此关系中,委托人和代理人都是经济人,他们的行为目标都是为了实现自身效用的最大化,在责任、权利、利益等方面往往存在冲突。因此,代理人可能会存在牺牲委托人的利益而实现自身利益最大化的现象。

第二是两者之间信息不对称。在现实经济活动中委托人和代理人之间信息对称的情况较少存在,因此,信息不对称现象是委托-代理理论研究的基本现象。所谓信息不对称是指委托人相比代理人在信息占有上处于劣势地位(诸如代理人的行动水平和能力大小等),委托人不清楚代理人的行为;但是代理人自己却很清楚自己付出努力的水平和能力大小,在信息占有上处于优势。在此情况下,

委托人无法完全观察到代理人的行为,也不能确定其行为是否符合自己的利益,而代理人存在损害委托人的利益而达到追求自己利益的可能。因此,为了预防代理人的这种行为,委托人就需要设计出合适的约束机制来控制代理人的行为,使其按照自身利益最大化的原则行事。

第三是两者之间的契约不完全。在信息不完全和存在巨大不确定性的社会中,委托人没法事先设定好一个完全的契约来控制代理人的行动,使其完全按照自己的意愿去进行活动,因此,代理人就有可能会存在牺牲委托人的利益而实现自身利益最大化问题,出现所谓的"代理问题",代理人可能产生"道德风险"或"逆向选择",即代理人逃避自身活动的全部后果,以牺牲委托人的利益方式实现自己利益的最大化。因此,委托人与代理人之间应该形成一种契约,在此契约中两者间的利益矛盾可以得到有效协调。

委托-代理理论为我们研究煤矿安全问题提供了分析思路,在煤矿安全监察监管过程中,中央政府以委托人的身份与代理人煤矿企业建立一种安全生产的契约形式,即中央政府对煤矿企业的安全生产进行管制,煤矿企业应该遵循中央政府制定的各项法律法规等政策,对其进行安全方面的投入等以满足相应的政策。然而,受政府层级结构的影响,在实际委托-代理关系中并不是简单的一个委托人和一个代理人关系,政府又分为追求不同利益的中央政府和地方政府。在煤矿安全监察监管过程中,煤矿所在地的地方政府相比中央政府具有较多的信息优势,其更加了解属地煤矿企业的安全生产状况,因此,中央政府要借助地方政府在煤矿企业安全生产状况上的信息优势,让其监管其属地煤矿企业的安全生产状况。但是,现实中,地方政府往往不是简单地给中央政府传递信息,其作为经济人,有追求自身利益最大化的本能,其可能存在牺牲中央政府的利益而实现自身利益最大化的问题,诸如与煤矿企业合谋,从煤矿企业获得一定的利益,最终导致中央政府对煤矿企业的管制政策效果不佳。因此,中央政府与地方政府之间也应该建立契约,中央政府委托地方政府监管其属地上的煤矿企业的安全生产状况。综上,中央政府同煤矿企业建立了委托其进行安全生产的契约,同地方政府建立了委托其监管属地上的煤矿企业的安全生产状况的契约,如图 2-8 的煤矿安全监察监管中的委托-代理关系。

如图 2-8 所示,中央政府对煤矿企业的各种安全生产的管制标准、政策等是完全可以被煤矿企业和地方政府所观测的,因此从中央政府到煤矿企业和地方政府的信息传递用实线表示;煤矿企业自身的安全生产状况是不可能完全被中央政府所观测到的,因此煤矿企业到中央政府的信息传递用虚线表示,但是地方政府相比中央政府可以观测到煤矿企业的安全生产状况,因此煤矿企业到地方政府的信息传递用实线表示,但地方政府未必会把这一信息完全传递给中央政

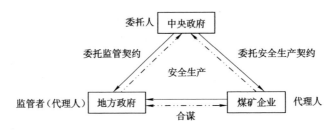

图 2-8　煤矿安全监察监管中的委托-代理关系

府,因此从地方政府到中央政府的信息传递用虚线表示;地方政府与煤矿企业存在合谋的倾向,因而地方政府与煤矿企业间的信息传递用虚线表示。综上,煤矿安全监察监管过程中存在的这种复杂的多重委托-代理关系在一定程度上弱化了煤矿安全监察监管的效果。

2.3.5　利益相关者理论

利益相关者理论自从 20 世纪中期被提出以后,在理论研究和实证验证方面取得了很大发展,得到了众多学科和学者的关注。所谓利益相关者,是指任何能够影响组织目标实现或能被该目标的实现过程影响的群体和个人。利益相关者对组织具有种种利益或权利的要求,所以对组织或企业拥有不可忽视的各种影响,他们可以通过直接的压力或通过传递信息表达其利益并影响一个组织的实践。利益相关者理论的基本出发点是企业的社会责任,该理论认为任何企业的发展都离不开各种利益相关者的参与与投入,企业在追求自身利益最大化的同时,还应考虑到利益相关者的利益、整体利益以及长远利益,并且主动承担一定的社会责任。

煤矿安全生产一样也会受到利益相关者的影响,利益相关者理论为我们分析中国煤矿安全监察监管问题提供了思路。按照利益相关者理论的分析框架,首先要回答在中国煤矿安全监察监管过程中谁是利益相关者,即有哪些主体能够影响煤矿企业的安全生产;其次要确定他们是如何影响煤矿安全的,即每个利益相关者和煤矿安全生产有怎样的利益关系;最后要根据各自的利益需求确立协调机制。

煤矿安全问题往往涉及煤矿企业、地方政府、中央政府、矿工和社会公众等多方利益,这些利益相关者各自的利益需求不同,对煤矿安全生产的影响程度和方式也不相同。通过利益相关者分析明确各利益相关者拥有的权利和责任,并设定一个机制来调整他们之间相互冲突的权利和责任,对于有效分析和解决煤矿安全问题是十分重要的。同时,对煤矿安全的利益相关者分析也是煤矿安全问题博弈分析的前提,有利于揭示各利益相关者进行决策的行为特征,形成煤矿安全的内外部合力。

2.3.6　政府规制理论

政府规制或政府管制涉及经济学、政治学和法学等多个学科,中外学者对于其含义的表述存在差异,尚未形成一个共同接受的定义。传统规制经济学家Kahn(1988)认为,规制是对该种产业的结构及其经济绩效主要方面的直接政府规定,如进入控制、价格决定、服务条件及质量的规定,以及在合理条件下服务所有用户时应尽义务的规定,其强调规制是一种规定,是政府的主动行为。中国学者在借鉴西方观点的基础上,也对规制进行了定义。余晖(1997)认为规制是指国家行政部门,以公共利益为目标,对企业不完全公正的市场失灵进行强制的治理行为;王俊豪(2001)认为政府规制是政府规制机构依据相应法规对被管制者所采取的一系列监督和管理行为。可以看出,中国学者主要从政府这个规制主体的角度来界定规制的含义,其基本前提是政府以公共利益为目标导向。

目前,对规制问题的研究形成了多种理论,包括公共利益规制理论、利益集团规制理论、规制俘虏理论、放松规制理论和激励性规制理论,其中公共利益规制、利益集团规制和规制俘虏理论关注的重心问题是政府"为什么规制",放松规制理论、激励性规制理论重点阐释了"怎样规制"的问题。公共利益规制理论把政府当作公共利益的代表,规制是政府对公共需要的反应,其目的是弥补市场失灵;利益集团规制理论则与公共利益规制观点相反,其强调政府规制应增进利益集团的利益,利益集团是公共政策的基石;规制俘虏理论认为政府规制的实质是规制者和立法者被产业组织所俘获和控制,而放松规制理论主张政府简化、弱化政府规制;在放松规制理论的影响下,一些学者提出了激励性规制理论,其主要研究如何提高企业内部效率,让其利用信息优势和利润最大化动机。

政府规制理论为我们分析煤矿安全监察监管问题提供了新视角,探究中国煤矿安全状况较差的内在成因,小煤矿数量较大、煤矿地质开采条件复杂、地下开采比例大、作业环境恶劣、人员素质低下是不争的事实,但透过这些事实,则体现出煤矿企业安全投入不足、管理不到位等问题,进一步分析则指向外部的国家煤矿安全监察监管所存在的各种问题。在中国煤矿安全生产领域,为保障煤矿职工在作业过程中的安全,政府以法律、法规、规章制度等形式对煤矿企业的安全生产进行各种管制。从理论上讲,政府对煤矿企业进行安全生产的管制可以有效控制其垄断力量的运用、促进外部性内部化并减少信息不对称,是治理市场失灵、保障煤矿安全生产和矿工合法利益的有效手段。

2.3.7 传统博弈理论与演化博弈理论

（1）传统博弈理论及其局限性

博弈论又称对策论或决策论，是研究相关主体在发生相互作用时各自的决策以及均衡问题的一种理论，主要由 3 个要素组成：一是参与者，又可译为决策主体或局中人；二是策略，又称信息结构；三是收益，是可以定义或量化的参与者的利益，是全体参与者所选定策略的函数。博弈论已经发展成为比较完善的研究决策问题的体系，在演化博弈理论被提出之前，称为传统博弈理论或经典博弈理论。传统博弈理论或经典博弈理论在分析问题时具有一定的局限性，主要体现在以下几个方面：

第一，传统博弈理论对于所有参与者的一个重要假设是"完全理性"。完全理性是指每个参与者具备全面的知识，其所选择的策略以自身利益最大化为目标，且都十分清楚自己和其他参与者的策略选择，清楚各种策略选择所带来的收益。完全理性使得每个参与者不仅对自己的最优策略选择预测不会出现偏差，且对其他参与者的策略选择预测也不会出现偏差，这往往与实际情况不符。现实社会中，人并不是完全理性的，在选择策略时难免会因为自身的背景、文化、环境、阅历等因素影响而无法实现策略选择最优化。

第二，传统博弈论对于参与者完全理性和博弈模型结构是所有博弈参与者的共同知识。共同知识确保了每个参与者的决策环境、理性层次及逻辑思维是完全相同的，但现实中这种情况几乎是不可能的。现实中博弈主体不可能掌握所有可能情况，也不可能完全获知某些事件发生的概率大小。

第三，传统博弈理论对于中国煤矿安全监察监管系统中各参与方如何达到均衡点的过程缺乏分析与解释，忽略了博弈过程的动态性研究。在实际中国煤矿安全监察监管博弈过程中，各参与方由于处于有限理性和不完全信息的状态，博弈初始阶段随机选择自己的策略，但随着时间的推移，其策略选择并非处于静止状态，而是根据其可观察到的各种信息在不断调整变化，呈现出复杂动态博弈的特性。

因此，传统博弈理论的以上局限性与现实社会情况相去甚远，使得在某些条件下得出的结论与实际不符。

（2）演化博弈理论与传统博弈理论的比较

为了解决传统博弈理论的以上局限性所带来的困境，演化博弈理论应运而生。演化博弈理论是 20 世纪 90 年代对传统博弈理论的一种完善和发展，其从系统的角度出发，把群体行为的变化过程看作一个动态过程，其演化博弈模型体现了个体行为到群体行为之间的形成机制，是一个具有微观个体行为基础的宏观群体行为模型。目前,演化博弈理论的基本理论框架已经形成,在生物学、社会学及经济学上都有广泛应用,为预测和解释参与者的行为提供了更为准确的研究方法。

在演化博弈过程中,博弈主体根据其可以观察到的信息,对自己的策略选择不断进行修改,以获得较高收益,进而产生一些一般的"规则"和"制度"作为其行动标准。演化博弈理论具有以下主要特点:第一,摒弃了传统博弈理论完全理性的假定,博弈参与者的最优化决策行为是通过个体之间的模仿、学习和突变等动态过程完成;第二,以参与者种群(单种群和多种群)为研究对象,分析其动态的演化过程,解释群体为何达到以及如何达到目前的这一状态;第三,演化博弈过程是无限重复进行的,达到均衡状态需要一个相对较长的时间;第四,群体的演化既有选择过程也有突变过程,经群体选择下来的行为具有一定的惯性。演化博弈理论具有的这些特点使得它与现实情况更加接近。演化博弈理论具有的这些特点使得它与现实情况更加接近。目前,演化博弈理论的基本理论框架已经形成,在生物学、社会学及经济学上都有广泛应用,为预测和解释参与者的行为提供了更为准确的研究方法。

演化博弈理论与传统博弈理论比较分析可归纳总结如下:

第一,参与者"完全理性"和"共同知识"的假设条件不同。

传统博弈理论是建立在参与者完全理性和对于参与者完全理性和博弈模型结构共同知识的假设基础之上的,参与者具备全面的知识,根据外部条件的任何情况作出的一次性最优化策略选择,但在现实社会中对于参与者"完全理性"和"共同知识"的假设是很难实现的;演化博弈理论假定参与者是有限理性的,不完全知道博弈模型的结构,其策略选择是通过个体之间不断地模仿、学习和突变等动态过程完成的,不是一次性的博弈,而是无限重复进行的,处于不断地调整过程,总是处于向最优化决策的均衡状态接近。

第二,研究对象和方法不同。

传统博弈理论的研究对象是确定的、具体的参与者,参与者间的策略选择建立在完全理性和对博弈结构共同知识基础之上,是一次性静态或有限次动态的博弈,对于各参与者如何达到均衡点的过程缺乏分析与解释,忽略了博弈过程的动态性研究;演化博弈理论以参与者种群为研究对象,在有限理性的基础上分析种群内部个体、种群与个体以及不同种群的个体之间的相互影响,不同种群个体间进行无限次重复进行的博弈,其策略选择达到均衡的状态就是种群中个体不断相互模仿、相互学习并作出调整的过程,达到均衡状态可能需要一个漫长的时间。因此,演化博弈理论的分析方法是一种动态的分析方法,这与现实情况更加相符。

第三,对"动态"的定义不同。

传统博弈理论中涉及的动态是指参与者以另外一个参与者的策略选择时间顺序和所传递的信息为依据,通过等待、观察对手的策略选择来调整自己的策略选择。很明显,后作出策略选择的参与者会根据先作出策略选择参与者的信息而作出最优化策略选择,这种动态性具有时间性,未考虑外部其他因素的影响。演化博弈理论中个体参与者动态性是指参与者根据外部各种环境的变化,通过个体之间的模仿、学习和突变等过程不断地调整自己的策略选择以与种群行为达到均衡,在这种不断地调整变化过程中,种群的行为因个体行为的不断调整而调整,从而向最优化决策的均衡状态接近。

第四,对"均衡"的概念不同。

传统博弈理论中的纳什均衡是在"完全理性"和"共同知识"的假设条件下,每一个参与者都选择使其获得最大收益的行为策略,是基于每一个参与者的期望收益得出的,所以每个参与者都会选择最优策略,这是一个稳定点;而在演化博弈理论中,种群中的个体经过无数次的策略调整使得种群达到一个均衡的稳定状态,此时的策略成为均衡稳定策略,但是当该种群遭到其他种群或个体入侵时,即外部环境发生变化时,该种群中个体会发生突变,此时原有的均衡稳定策略会发生调整,最终达到新的均衡稳定策略。演化博弈理论强调系统达到均衡的动态调整过程,同时系统的均衡状态取决于初始状态及演化路径。

第五,对均衡解的求解过程不同。

传统博弈理论中的博弈主体是万能的,可以迅速适应外部系统的变化并作出最优化的策略选择,博弈的状态可以从一个均衡状态迅速转换为另一个状态,因此,用传统博弈理论分析现实情况时,是一种完全信息下的静态分析;而对于多子博弈中出现的多纳什均衡,要求参与者具有序贯理性的假设条件。演化博弈理论的均衡稳定状态的求解过程是依据于演化稳定策略均衡和模仿(复制)动态,它们分别是种群的演化博弈的稳定状态和达到这种稳定状态的动态收敛过程,即描述个体自身的学习演化机制,其通过观察并对比自身收益与同种群中其他个体的收益来进行模仿和学习,从而不断地调整自己的策略选择。

因此,为了更好地反映实际情况,演化博弈理论更加适用于研究中国煤矿安全监察监管问题的利益冲突分析,本书将对非合作关系的多个参与方在有限理性下长期的动态博弈过程加以分析研究。中国煤矿安全管理是一种典型的监察监管博弈,在目前垂直的煤矿安全监察监管工作格局下,由于中央政府、地方政府和煤矿企业等决策主体的利益各不相同,导致他们在监察监管行为上的博弈。煤矿安全监察监管的效果取决于国家煤矿安全监察局、地方煤矿安全监管机构和煤矿企业间的策略选择,各方的策略选择实际上并非处于静止状态,而是随着时间的推移根据可观察到的各种信息在不断调整变化,呈现出复杂动态博弈的特性。地方政府能够从煤矿企业获得利益,因此地方政府与煤矿企业联盟的动力强,使得中央政府的煤矿安全监察政策难于在煤矿企业层面得到有效实施,煤矿安全状况得不到有效控制。因此,针对中国煤矿安全监察监管博弈问题的复杂动态性和多方参与的特点,本书选择了比传统博弈理论更符合煤矿实际情况的演化博弈理论来研究中国的煤矿安全监察监管问题,以期为科学制定与煤矿安全监察监管相关的制度、政策和战略提供依据。可以说,煤矿事故频发一定程度上是中央政府、地方政府和煤矿企业三者之间利益博弈的结果。为了提高中央政府的监察效果,最大限度地遏制煤矿企业违法行为的发生,中央政府需要在监督、激励和控制等方面进行选择和调整,建立起能使三方达到有效稳定性均衡的体制。

2.4　本章小结

本章主要叙述煤矿安全监察监管的国内外研究现状和相关理论依据。首先从煤矿安全监察和煤矿安全监管的内涵出发,对相关概念进行辨析;然后对煤矿安全监察监管的国内外相关研究现状进行了文献评述,指出相关研究存在的不足;并分析煤矿安全监察监管的相关理论依据,主要包括风险理论、信息不对称理论、外部性与内部性理论、委托-代理理论、利益相关者理论、政府规制理论、博弈理论等,并指出演化博弈理论更加适用于研究中国煤矿安全监察监管问题的利益冲突分析。

第 3 章　中国煤矿安全监察监管组织结构的形成和发展

　　中国煤矿安全监察监管组织结构是中华人民共和国成立后逐步形成和发展的，综观中华人民共和国成立 60 多年以来中国煤矿安全政府监察监管的发展历程，可将其分为 6 个历史阶段：中华人民共和国成立初的煤矿安全生产初创期（1949—1957 年）、"大跃进"及调整时期（1958—1965 年）、"文化大革命"时期（1966—1976 年）、改革开放时期（1978—1992 年）、开始建立社会主义市场经济时期（1993—1999 年）和新体制形成时期，即国家监察模式时期（2000 年至今）。

3.1　煤矿安全生产初创期

　　中华人民共和国成立之初的煤矿安全生产初创期，即 1949—1957 年。中国第一个负责煤矿安全生产问题的管理机构是 1949 年 10 月成立的燃料工业部，管理煤炭、电力和石油工业，燃料工业部之下设立了安全监察处，由部长直接领导。当年 11 月燃料工业部在北京召开第一次全国煤矿会议，确定全国国营煤矿生产建设的总方针为"以全面恢复为主，建设以东北为重点"。1950 年 10 月，国家为促进煤炭资源的合理开发和实现安全生产，燃料工业部颁发了《公私营煤矿生产管理要点》；1951 年 4 月，全国煤矿保安会议在北京召开，会议决定改组各级保安机构，明确各机构的责、权，对煤矿技术保安试行规程草案，对在试行中遇到的问题进行审议，决定正式印发试行规程；同年 9 月，燃料工业部颁发第一部煤矿安全规程，即《中华人民共和国煤矿技术保安试行规程》，从 10 月 1 日起在各矿试行，对促进全国煤矿安全生产起了很大作用。1953 年，燃料工业部增设技术安监局，初步形成了"行业管理、工会监督、劳动部门检查"的煤矿安全管理系统。

　　为保证安全法规的贯彻执行，1953 年 1 月，国务院建立煤炭由国家统一分配制度，建立煤炭工业三级技术安全监察部门（燃料工业部级、地区级、矿区级）。燃料工业部下属的煤矿管理总局建立了技术安全监察局，由部长直接负责；地区级的技术安全监察局受部级监察局和本区级局长双重领导；

同时,煤矿管理总局下设有华北、华东、东北、中南、西南和西北地区煤矿管理局,负责管理所在地区的国营煤矿企业。1954 年,华北煤矿管理局被撤销建制,其原先负责的煤矿归煤矿管理总局直接管理,同时,新增太原煤矿管理局。1955 年 7 月,燃料工业部被撤销,成立煤炭工业部,负责全国煤矿企业的安全管理,原地区煤矿管理局分别改名为市煤矿管理局,管辖范围不变,与太原煤矿管理局一起由煤炭工业部直接领导。同时,煤炭工业部内设安全司,负责全国煤矿企业安全监管工作,由正副部长领导,截至 1955 年年底,主要产煤区都设立煤矿安全监管机构,中国煤矿安全监管体制开始初步形成,这种以内部行政管理方式干预安全管理,既管生产又管安全的“全能政府”治理模式的煤矿安全行政监管机制,有效地促进了各级煤矿安全生产规章制度建设,但也逐渐暴露出它的缺陷,即在相当长的时期内缺乏有力的国家监察和群众监督,一些生产管理部门和企业由于工作角度和利益的局限,忽视安全生产、违反劳动保护法规的行为得不到及时纠正。

在建立健全监管系统的同时,各局、矿还建立煤矿安全通风部门、煤矿救护队、群众监督网等。第一个五年经济建设计划时期,国家先后颁布了一系列的安全法规。1954 年 1 月,燃料工业部煤矿管理总局下发《煤矿工业基本建设井巷工程技术操作暂行规程》(修正稿);9 月 16 日,煤炭工业部为便于矿山救护队救护车行驶,及时抢救矿井事故,统一规定军事化矿山救护队救护车安装报警器。1956 年 1 月 24 日,煤炭工业部颁布第二部煤矿安全规程,即《煤矿和油母页岩矿保安规程》的命令;1 月 26 日,为搞好 1956 年安全监察工作,扭转不安全局面,使安全与生产统一起来,煤炭工业部下发了《关于 1956 年局、矿技术安全监察工作的指示》;2 月 1 日,苏联救护专家柯斯金建议矿山救护队氧气呼吸器试行战术技术训练教范,共 93 条;4 月 7 日,煤炭工业部技术安全监察局救护处颁发《矿山救护队小队战术训练演习的组织和方法示例》,共 12 项;4 月 20 日,煤炭工业部下发《矿山救护基层指挥人员和队员的理论和实际训练大纲》共 12 讲;5 月 25 日,国务院全体会议通过决议,颁布《工厂安全卫生规程》《建筑安装工程安全技术规程》《工人职员伤亡事故报告规程》;5 月 31 日,国务院发布《关于防止厂、矿企业中矽尘危害的决定》,共 5 条。1957 年 4 月 8 日,为了进一步改善煤炭工业安全生产工作,煤炭工业部制定颁发了《煤炭工业部技术安全监察机构工作暂行条例》,共 4 章 45 条。

由于上述一系列煤矿安全生产管理规章、制度、法规的颁布实施和资金投入,以及采取的诸多安全技术管理措施,使全国煤矿百万吨死亡率由 1949 年的 22.54 下降到 1953 年的 9.63,进而下降到 1957 年的 5.65,煤矿安全生产得到了比较稳定的发展。

3.2 "大跃进"及调整时期

"大跃进"及调整时期,即1958—1965年。1958年,"大跃进"开始,受"生产第一"和"高指标"的影响,煤炭工业部下属的煤矿管理局和地区煤矿技术安全监察局被撤销,成立煤炭工业管理局,负责全国煤矿企业的安全生产状况工作,其中,河北、山西、辽宁、四川、云南、宁夏6个省煤炭工业管理局属于煤炭工业部直接管理,其余省(直辖市、自治区)煤炭工业管理局作为其人民政府的职能机构,负责管理本省(直辖市、自治区)的国营和地方煤矿,20世纪60年代调整期,这些省(直辖市、自治区)煤炭工业管理局又改由煤炭工业部直接管理。

"大跃进"对煤矿安全生产工作造成很大冲击,虽然党和政府及时发现安全生产的异常状况并制定补救措施,但还是给煤矿安全生产造成了巨大损失。该时期(1958—1960年)的"二参一改三结合"(干部参加劳动,工人参加管理,改革管理制度,干部、技术人员和工人三结合),严重削弱了煤矿企业和煤矿安全管理部门的正常管理工作,导致煤矿事故率急剧上升。其中1960年5月8日发生在山西大同矿务局老白洞煤矿的瓦斯爆炸事故造成684名矿工遇难。这一时期全国煤矿百万吨死亡率由1958年的9.86上升到1960年的15.20,进而上升到1961年的15.50。

调整时期,即1962—1965年。国家采取了一系列紧急措施对煤矿安全状况进行及时调整,如1962年煤炭工业部下设立负责煤矿安全的国家机构,1963年国务院先后发出了《关于加强企业安全生产的紧急通知》《关于加强生产中安全工作的几项规定》,尤其是《煤矿安全监察工作条例》的实施,是中国首部以法律条文的形式规定煤矿安全监察监管的重要性,同时,煤炭工业部颁布法律法规,重新恢复了各级安全监察机构。1963年5月24日,为保证井下供电安全,预防人身触电事故,煤炭工业部颁发了《井下接地保护装置的安装、检查与测定工作细则》,共3章48条;6月1日,为了保证煤矿井下爆破的安全,防止因使用炸药型号不当引起瓦斯、煤尘爆炸或燃烧事故,煤炭工业部下发了《关于瓦斯矿井使用炸药的规定》;8月17日,煤炭工业部颁发了《煤矿企业安全工作条例》和《煤矿安全监察工作条例》。

经过以上重建经济秩序,认真总结"大跃进"的深刻教训,贯彻"八字方针"(调整、巩固、充实、提高),从而使全国煤矿安全生产逐步好转,又进入了一个稳定时期。这一时期,全国煤矿百万吨死亡率由"二五"时期的13.3下降到5.70,其中1963年百万吨死亡率由1960—1961年的平均15.25下降到4.43。

3.3 "文化大革命"时期

"文化大革命"时期,即 1966—1976 年。这一时期,在调整时期,即 1962—1965 年制定的一系列煤矿安全措施、政策遭到否定,煤矿安全法律法规和管理机构遭到破坏,初步形成的煤矿安全管理体制瘫痪,煤矿安全生产的监管以及法律法规建设崩溃。煤矿安全生产领域的综合管理和法制建设全面瘫痪、纪律松弛,违章指挥和冒进蛮干成为生产现场的常态。

1967 年 8 月,煤炭工业部和部属煤矿企业进驻军代表;1968 年 2 月煤炭工业部发出《加强通风瓦斯管理工作的紧急通知》,5 月、8 月、12 月煤炭部根据各时期安全情况和季节变化分别发出通知,要求各煤矿加强煤矿安全管理工作。1970 年 6 月,国家撤销了煤炭工业部,相应各级安全监察机构也被撤销,把煤炭工业部、化工工业部和石油工业部合并成燃料化学工业部,与之相适应,各省(直辖市、自治区)相继建立了燃料化学工业局,作为省(直辖市、自治区)革命委员会的职能机构,负责管理本省煤炭等国营工业企业;1974 年 10 月,燃料化学工业部主持召开煤矿企业安全管理经验交流会,并要求各煤矿企业认真执行《关于加强安全生产的通知》;1975 年 1 月,第四届全国人民代表大会第一次会议决定,撤销燃料化学工业部,重新成立煤炭工业部,并陆续收回下放到地方管理的煤矿事业单位管理权,但当时没有下属专门的煤矿安全监察机构;同年 12 月,煤炭工业部发出《关于加强小煤矿安全生产的通知》,强调各省煤矿管理机构要增强对小煤矿的监督和管理,加大对其监督力度,严格执行《小煤矿安全生产暂行规定》;1976 年 1 月印发了《防治瓦斯突出措施》,包括煤矿企业对于瓦斯突出治理的组织管理和技术措施等;1977 年 4 月下发了《关于讨论修改煤矿安全生产工作条例的通知》。

为了加快煤矿安全技术发展步伐,改变安全技术工作落后面貌,1977 年 5 月,煤炭工业部下发了《关于编制煤矿安全技术发展规划的通知》《"两好六消灭"矿井标准及检查评定试行办法》;6 月 20 日,下发了《关于预防岩石与二氧化碳突出事故的通知》;7 月 3 日,根据五月下旬以来连续发生重大事故情况,下发了《关于防止重大恶性事故的紧急通知》;11 月 2 日,颁发了《矿山救护队工作条例》,对矿山救护队的任务、组织、战斗员职责、救助队和救护队的教育与训练、战斗行动、处理矿井事故的技术、安全技术工作、救护队装备、日常管理及政治工作等作了具体规定;12 月 30 日,为了加强矿井瓦斯抽采工作,增加瓦斯抽采量,提高技术管理水平,又颁发了《矿井抽放瓦斯工作暂行规定》。

在这一时期,形成中华人民共和国成立以来的又一次煤矿伤亡事故高峰,百万吨死亡率为 9.39。

3.4 改革开放时期

改革开放时期，即 1978—1992 年。1978 年，煤炭工业部恢复设立了煤矿安全监察部门，但由于"文化大革命"对煤矿安全生产造成的破坏和影响一时难以清除，全国煤矿安全方面亏欠甚大。1979 年 2 月 25 日，根据我国宪法关于"改善劳动条件，加强劳动保护"的规定，通过总结中华人民共和国成立 30 年以来的安全生产经验教训，煤炭工业部在《煤矿安全生产试行规程》的基础上，制定并颁发了《煤矿安全规程》，共 12 章 461 条；6 月 1 日，颁布了《煤矿企业安全工作试行条例》，共 10 章 45 条。

1980 年 1 月 12 日，煤炭工业部召开了全国煤矿安全生产电话会议，张超副部长提出"煤炭系统各项工作必须坚持五个第一，即实现安全生产的方针，必须坚持安全第一；按照安全第一原则，严肃处理事故；奖励政策要贯彻安全第一原则；生产调整要安全措施第一；坚持安全第一，必须建立安全监察机构"；2 月 25 日，颁发了第五部《煤矿安全规程》，《煤矿安全生产试行规程》即行废止；9 月 16 日，颁布了《建立健全安全监察机构，强化安全监察工作》的第一号安全指令；12 月，煤炭工业部召开各省、区煤炭工业管理局总工程师、生产会议，起草了执行《煤矿安全规程》的执行规定。

1982 年 2 月 13 日，国务院发布了《矿山安全条例》和《矿山安全监察条例》，《矿山安全条例》共 5 章 75 条，《矿山安全监察条例》共 11 条。1983 年，煤炭工业部颁布了《煤矿安全监察条例》，包括总则、煤矿安全监察组织机构、工作职责、部门权限、工作制度和保证安全监察工作的规定等 6 章 51 条，规定了部级监察局、省级监察局、企业监察处以及县级监察科的责任。1986 年初，煤炭工业部从中国煤矿安全管理实际出发提出了煤矿安全指导思想，一是要贯彻"安全第一，预防为主"方针；二是要坚持"综合治理，整体推进"的指导思想和坚持"管理与装备并重，当前尤其以管理为主"的原则。

1987 年，中共十三大以后正式提出了"企业负责、国家监察、行业管理、群众监督"的思路；同年 12 月 25 日，煤炭工业部在强化煤矿安全监察机构职能的同时，制定了《中华人民共和国煤炭工业部安全监督员工作规程》，把煤矿安全监督员作为开展安全监督检查的重要力量，在煤炭工业部组织领导下，参加跨地区安全监督检查、经验交流与技术咨询等工作。煤炭工业部安全监察局负责组织全国安全监督员开展工作。安全监督员按东北、华北、华东、中南、西南、西北六大区组成安全监督协作网，各省（区）、煤炭局（厅、公司）、直管矿务局成立安全监督员联络组,联络组组长由煤炭工业部指定,并设联络员一人处理日常工作。协作网设执行主席,由各省(区)、煤炭局(厅、公司)、直管矿务局的联络组组长轮流担任,每届一年。协作网和联络组均代表煤炭部组织本大区和本省(区)安全监督员开展活动。各矿务局、基建公司(局、指挥部)成立安全监督员小组。组长由省联络组组长指定。煤炭工业部安全监督员由矿务局、基建公司(局、指挥部)、省(区)煤炭局(厅、公司)逐级推荐,经煤炭工业部审查合格后,由部长聘任,颁发"煤炭部安全监督员证"与证章。截至 1988 年初,全国煤炭行业先后聘任了安全监督员 500 余人。

然而,1988 年 4 月,根据"政企分离"的改革原则,煤炭工业部再次被撤销,成立能源部,并成立中国统配煤矿总公司,实行计划单列,归口能源部管理,能源部下设立了安全监察局,统配和省直属煤矿建立了安全监察处(站),市、县煤炭局建立了安全监察科。在这一时期,全国煤矿百万吨死亡率为 7.27。

3.5　开始建立社会主义市场经济时期

开始建立社会主义市场经济时期,即 1993—1999 年。1993 年 3 月,能源部和中国统配煤矿总公司被撤销,再次组建了煤炭工业部,东北内蒙古煤炭工业联合公司和中国地方煤矿联合经营开发公司转归煤炭工业部管理;同时,该年施行的《矿山安全法》是行业监管法制化的一个重要标志;1994 年 3 月,东北内蒙古煤炭工业联合公司撤销;1995 年 4 月 5 日,为适应社会主义市场经济体制,煤炭工业部根据相关法律法规规定和中国基本国情,修订了《煤矿安全监察条例》,进而颁布了《煤炭工业安全监察暂行规定》,规定煤炭工业部负责全国煤矿企业的监督管理工作;1998 年,国务院机构改革,九大产业部被撤销,每个行业里的安全管理部门也被相应撤销,煤炭工业部被撤销,在国家经贸委下设立国家煤炭工业局,负责全国煤矿企业的监督管理,统配煤矿与直属企业下放地方,国家煤炭工业局下设有省煤炭工业管理局和省煤炭工业厅(局),省煤炭工业厅(局)同时接受地方政府的职能管理。同时,煤炭行业内开始了广泛、长久的公司化改制行动,"国营厂(矿务局)模式"以及"非公司制企业模式"逐步改组为依据《中华人民共和国公司法》设立的"公司制企业模式"。经过以上开始建立社会主义市场经济时期,全国煤矿安全生产状况又进入了一个稳定的事故伤亡高峰时期,在此期间全国平均每年死亡人数高达 6 698 人,全国煤矿百万吨死亡率为 5.01。

至此,煤炭工业部已经历三立三撤,煤炭工业的安全监察管理体制经历了巨大历史变迁。从 1949—1999 年,中国未能设立单独的行政机构专门负责全国煤矿企业的安全监察监管工作,大多是由煤炭行业主管机构负责的煤矿安全管理模式,这种模式的最大特点是:在利益一体化基础上,以内部行政管理的方式干预煤矿安全,即"全能政府"管理模式,这种模式在 1999 年前基本没有改变。

3.6　新体制形成时期

新体制形成时期,即 2000 年至今,国家监察模式时期。面对日益严峻的煤矿安全形势以及社会公众与国际社会的巨大压力,中央政府需要通过改革新的煤矿安全管理模式来显示其对生命权的重视以及治理煤矿事故频发的决心。在借鉴西方发达国家政府安全管制经验尤其是在经济、社会诸多领域都比较成功的独立煤矿安全管制模式的基础上,中国政府决定对煤矿安全管理体制进行根本性的改革,将煤矿监察与煤矿管理分开,建立垂直管理的国家煤矿安全监察体制。

1999 年 12 月 30 日,结合中国基本国情和煤矿安全的国际经验,国务院发布《关于印发煤矿安全监察管理体制改革实施方案的通知》(国办发〔1999〕104号),对煤矿安全管理体制开始进行根本性的改革,此次改革分离了原劳动行政部门负责的煤矿安全监察职能,重新组建新的煤矿安全监察监管组织机构,对煤矿安全生产实行垂直管理、分级监察,于 2000 年 3 月成立了国家煤矿安全监察局,与国家煤炭工业局"一个机构、两块牌子"。国家煤矿安全监察局宣告成立,正式以政企分开的国家监察模式取代了之前一直以来的行业管理模式,从而结束了长期以来煤炭行业既当生产者又当监察者、既负责安全管理又负责安全监察的不合理状况,这是中国首次建立独立的煤矿安全监察机制,具有重要意义。2000 年 11 月 7 日,国务院发布《煤矿安全监察条例》,它填补了中国煤矿安全监察工作的空白,为新组建的国家煤矿安全监察机构提供了行政执法的依据,是中国煤矿安全监察法制建设的里程碑。

2001 年,国家煤炭工业局被撤销,成立国家安全生产监督管理局(国办发〔2001〕1 号),与刚成立的国家煤矿安全监察局"一个机构、两块牌子"。国家安全生产监督管理局领导国家煤矿安全监察局对全国煤矿企业的安全生产进行监察;全国相应建立了 27 个省级煤矿安全监察局及 68 个煤矿安全监察办事处,国家煤矿安全监察局及其办事处与其负责的煤矿企业之间没有任何利益上的联系,是独立的"第三方监管人",并建立了国家煤矿安全监察员制度,由中央政府垂直管理。

2004 年 11 月,国务院印发《关于完善煤矿安全监察体制的意见》(国办发〔2004〕79 号)明确了"国家监察、地方监管、企业负责"的煤矿安全监察监管工作系统,也就是说,在煤矿安全监察监管政策实践中,煤矿安全监察是中央政府的职能,煤矿安全监管是地方政府的职能,国家煤矿安全监察局和地方煤矿安全监管机构共同承担着对煤矿企业安全生产行政执法的任务。

　　为进一步加强煤矿安全监察监管的重要性,国务院办公厅于 2006 年印发《关于加强煤炭行业管理有关问题的意见》(国办发〔2006〕49 号),将国家发展和改革委员会与煤矿安全紧密相关的职能划转到国家安监总局和国家煤矿安全监察局;2013 年,国务院印发《关于进一步加强煤矿安全生产工作的意见》(国办发〔2013〕99 号),进一步落实了地方政府属地监管煤矿企业安全生产的责任,明确了煤矿安全监察、煤矿安全监管等部门在煤矿安全工作中的职责,这一系列调整将中国煤矿安全监察监管的重要性提高到了前所未有的高度。

　　随着中国煤矿安全监察监管机制的逐步完善,"国家监察、地方监管、企业负责"的煤矿安全监察监管工作格局已经初见成效,中国的煤矿基础设施、作业环境、科技装备水平不断改善,煤矿安全形势得到了很大改观(见图 1-2)。全国煤炭总产量由煤矿安全管理体制改革前(1999 年)的 10.4 亿 t 增长到 2014 年的 38.7 亿 t,增长了 2.7 倍;同时,全国煤矿事故死亡总人数也由"十五"高峰期(2002 年)的 6 995 人减少到 2014 年的 931 人,下降了 86.7%,一次死亡 10 人以上重特大事故起数也由 2000 年的 75 起减少到 2014 年的 14 起,下降了 81.3%;全国煤矿百万吨死亡率也由 2000 年的 5.71 下降到 2014 年的 0.24,下降了 95.8%。

　　综上,中国煤矿安全监察监管组织结构在中华人民共和国成立 60 多年以来的变迁历程可以用"两多变、一重视"加以描述,即:一是在对全国煤矿企业尤其是重点煤矿企业实施统一管理与权力下放间不断变化;二是煤炭工业部历经"三立三废",煤炭行业行政管理职能隶属关系不断变化;三是国家煤矿安全监察或监管机构的权威性、独立性得到重视。

3.7　本章小结

　　本章主要对中国煤矿安全监察监管组织结构的形成与发展进行概述,将中华人民共和国成立 60 多年来的煤矿安全政府监察监管历程划分为六个历史阶段,即中华人民共和国成立初的煤矿安全生产初创期(1949　1957 年)、"大跃进"及调整时期(1958—1965 年)、"文化大革命"时期(1966—1976 年)、改革开放期(1978—1992 年)、开始建立社会主义市场经济期(1993—1999 年)和新体制形成时期,即国家监察模式时期(2000 年至今),并分析各个历史阶段煤矿安全监察监管机构的变迁过程。

第4章　中国煤矿安全监察监管有效性分析

4.1　煤矿安全监察监管现状

　　在目前"国家监察、地方监管、企业负责"的煤矿安全监察监管工作格局中，国家监察就是国家煤矿安全监察局站在国家的高度、中央政府的高度对煤矿企业安全状况和地方监管部门对煤矿企业的监管情况施行监督和检查；地方监管就是煤矿安全监管部门（原煤炭工业管理局）对其属地煤矿的安全生产状况进行日常安全监督管理工作并接受国家煤矿安全监察机构对其监察工作；国家煤矿安全监察局和地方煤矿安全监管机构共同承担着对煤矿企业安全生产行政执法的任务，同时国家煤矿安全监察局有权监察地方监管部门对其属地煤矿企业安全状况的监管情况并提出相应改进意见。中国煤矿安全监察监管的组织结构如图 1-1 所示。

　　国家监察是指国家煤矿安全监察局依据《煤矿安全监察条例》对煤矿企业执行安全生产法、矿山安全法、煤炭法和其他有关煤矿安全的法律、法规以及国家标准、行业标准、煤矿安全规程和行业技术规范等情况实施监察、纠正和惩戒，以防止和减少安全事故，保障煤矿安全生产和煤矿职工人身和财产安全的行为总称；同时也对地方煤矿安全监管机构的煤矿安全监管行为进行监督、检查、指导、建议的行政行为，其主要职责见图 2-1。

　　国家层面设立国家煤矿安全监察局（国务院副部级直属机构），是行使国家煤矿安全监察职能的行政机构，包括国家煤矿安全监察局和在省、自治区、直辖市设立的省级煤矿安全监察局及各省在煤矿比较集中的地区设立自己的派出机构——煤矿安全监察分局。国家煤矿安全监察局是代表中央政府从国家的层面行使国家煤矿安全监察职能的行政机构，实行垂直管理，其综合业务和人事、党务、机关财务、后勤、煤矿安全监察人员的考核和组织培训等事务依托国家安全生产监督管理总局管理，这种垂直管理的模式有利于煤矿安全监察工作不受地方政府的干涉，从而确保煤矿安全监察机构的独立性。

　　现行的这种煤矿安全监察体制实行垂直管理、分级监察。垂直管理是指国家煤矿安全监察局对省级煤矿安全监察局、煤矿安全监察分局的监察业务、人事、财务等方面采取自上而下的管理;分级监察是指煤矿安全监察工作分为国家煤矿安全监察局、省级煤矿安全局、煤矿安全监察分局三级监察,三级监察的内容、职责不同。目前,全国共设立了 27 个省(自治区、直辖市)级煤矿安全监察局和 73 个属各省(自治区、直辖市)级的区域性煤矿安全监察分局。

地方监管则是指地方各级人民政府及其煤矿安全监管部门(主要指原煤炭工业管理局)对其属地生产煤矿、基本建设煤矿的日常安全监督管理工作,其依法履行煤矿安全地方监管的职责,支持和配合国家煤矿安全监察局依法对煤矿企业生产状况进行监察。地方煤矿安全监管是中国煤矿安全监察监管工作的重要组成部分,是地方煤矿安全检监管机构的主要职能。地方监管的主要职责见图 2-2。

"国家监察"和"地方监管"都属于规制者,但二者各自内部还有职能、权利、责任上的分工,两者之间既有区别,又有内在联系。

(1) 国家监察与地方监管的区别

在实际煤矿安全监察监管工作中,国家煤矿安全监察局和地方煤矿安全监管机构共同承担着对煤矿企业安全生产行政执法的任务,他们似乎没有多大区别,事实上国家监察与地方监管的区别不是体现在具体的执法行为上,而是主要体现在以下几个方面:

第一,执法的主体不同。实施国家监察的主体是代表中央政府的国家煤矿安全监察局,而实施地方监管的主体是地方煤矿安全监管机构,即原先的地方煤炭工业管理局。

第二,执法的地位不同。国家监察是代表中央政府的国家煤矿安全监察局站在整个国家的层面去统筹考虑全国利益而去执法,地方监管则大多是地方煤矿安全监管机构从地方利益的角度出发,由此可见国家监察和地方监管两者的法律地位和执法角度不同。

第三,执法的职责不同。在煤矿安全监察机构和煤矿安全监管机构的主要职责中:① 对管辖区域,一个煤矿安全监察机构的管辖范围可以包括几个行政区域,而每一个行政区域都有自己的地方煤矿安全监管机构;② 对工作重心,前者主要是"三项监察",后者则主要是日常性监管;③ 对事故调查处理,煤矿安全监察机构有组织权,煤矿安全监管机构则是有参与权;④ 对关闭矿井,煤矿安全监察机构有参与权,而煤矿安全监管机构则是有组织权;⑤ 对事故隐患,前者主要是检查、处理,后者则要负责督促煤矿企业进行整改和组织复查;⑥ 对安全培训,前者主要管理矿长和特种作业人员,后者则侧重于一般工种;⑦ 煤矿安全监察机构要指导地方煤矿安全监察机构对其属地煤矿企业的日常性监督管理工作并提出相应的建议,而地方煤矿安全监察机构要配合国家煤矿安全监察机构对其工作的监察。

第四,执法的依据不完全相同。《煤矿安全监察条例》是煤矿安全监察机构实施国家监察的专门法规,《安全生产法》虽然对监察和监管都适用,但对煤矿安全监察机构和地方安全监管机构的执法也作了明确规定;将《国务院关于预防煤矿生产安全事故的特别规定》(国务院令第446号)作为执法依据,对两者没有太多的区别。

(2)国家监察与地方监管的联系

国家监察和地方监管的内在联系主要体现在以下几个方面:

第一,对象相同。都是各自管辖权限范围内的煤矿企业。

第二,性质相同。都具有行政执法特征。

第三,目的相同。都是为了保障煤矿员工的生命安全和身体健康,保护国家和人民财产不受损失。

第四,手段相同。都可以采用各种手段对煤矿企业的违法行为进行处理。为避免"一事两罚",《国务院关于预防煤矿生产安全事故的特别规定》(国务院令第446号)第二十四条明确规定:"同一违法行为不得给予两次以上罚款的行政处罚"。

第五,方法相同。都可以随时对管辖范围内的煤矿进行检查,都可以采用查看图纸资料、查阅生产安全记录、作业现场检测检验、调查询问有关人员、综合进行分析判断、进行现场处理决定、组织复查验收、实施行政处罚等方法,都要将煤矿的重大生产安全隐患和行为的有关情况报送有关地方人民政府,都要及时核查自己受理的煤矿举报,都要按规定对有关煤矿进行公告等。

自新的国家煤矿安全监察监管工作机制形成以来,煤矿安全监察和煤矿安全监管二者之间的关系就被定位为:煤矿安全监管是煤矿安全监察的重要基础;国家煤矿安全监察局有权检查指导地方煤矿安全监管机构的职责,地方煤矿安全监管机构则要配合并落实国家煤矿安全监察局对地方政府提出的改善和加强煤矿企业安全管理的建议;国家煤矿安全监察局和地方煤矿安全监管机构应当建立沟通、协调机制,实行工作通报和信息交流制度,共同构筑监督煤矿安全生产的坚固防线。煤矿安全监察与煤矿安全监管虽然是一字之差,却有着完全不同的两种职能,目前中国两种手段并存,因此两者协调的好坏也决定了中国煤矿安全监察监管的效果。

4.2　煤矿安全监察监管相关法律法规

煤矿安全监察监管不仅需要合理的组织机构、高效率的监察监管队伍和成熟有效的运行机制,还需要有健全完善的法律法规体系作保障。煤矿安全监察法制是依法治国的基本方略,是行政执法工作的有力保证,是扭转煤矿糟糕的安全状况的重要措施,是建立高素质执法队伍的需要,因此,国家颁布了一系列法律法规、规章制度等。

中国煤矿安全法律体系比较复杂,包含多种形式,具有一定的上下梯度性,既包括作为整个安全法律法规基础的宪法规范,又包括行政法律法规、技术性法律法规的宪法规范和程序性法律规范。按照法律的地位及效力原则,中国煤矿安全监察监管的法律法规体系层级如图 4-1 所示。

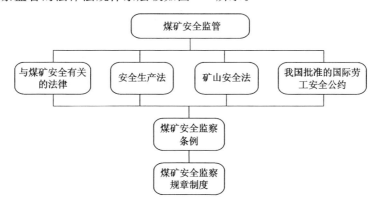

图 4-1　煤矿安全监察监管的法律法规体系层级

截至 2015 年年底,中国煤矿安全监察监管的法律法规体系已经形成了以《宪法》《劳动法》为根基,以《煤矿安全监察条例》《矿山安全法》《安全生产法》为主干,以《煤炭法》《矿产资源法》《刑法》《工会法》相关条款及其他行政法规、部门规章和地方法规为一体的法律法规体系(见表 4-1)。

表 4-1　　　　　　　　　煤矿安全监察监管的主要法律法规

名称	制定部门	性质	生效日期 (修订后)	原生效 日期
《宪法》	全国人民代表大会	法律	2004-3-14	1982-12-4
《矿山安全法》	全国人民代表大会常务委员会	法律	1993-5-1	
《安全生产法》	全国人民代表大会常务委员会	法律	2014-12-1	2002-11-1
《煤炭法》	全国人民代表大会常务委员会	法律	1996-12-1	
《矿产资源法》	全国人民代表大会常务委员会	法律	1996-8-29	1986-3-19
《劳动法》	全国人民代表大会常务委员会	法律	1995-5-1	
《工会法》	全国人民代表大会常务委员会	法律	2001-10-27	
《煤矿安全监察条例》	国务院	行政法规	2013-7-26	2000-12-1

续表 4-1

名称	制定部门	性质	生效日期（修订后）	原生效日期
《关于特大安全事故行政责任追究的规定》	国务院	行政法规	2001-4-21	
《安全生产许可证条例》	国务院	行政法规	2014-7-29	2004-1-13
《关于完善煤矿安全监察体制的意见》	国务院	行政法规	2004-11-4	
《关于预防煤矿生产安全事故的特别规定》	国务院	行政法规	2013-7-26	2005-9-3
《关于加强安全生产监管执法的通知》	国务院	行政法规	2015-4-2	
《生产安全事故报告和调查处理条例》	国务院	行政法规	2015-5-1	2007-6-1
《煤矿安全监察行政复议规定》	国家煤矿安全监察局	部门规章	2003-8-1	
《煤矿安全监察员管理办法》	国家煤矿安全监察局	部门规章	2015-7-1	2003-8-1
《煤矿安全生产基本条件规定》	国家煤矿安全监察局	部门规章	2003-8-1	
《煤矿安全监察罚款管理办法》	国家煤矿安全监察局	部门规章	2003-8-1	
《安全生产违法行为行政处罚办法》	国家煤矿安全监察局	部门规章	2008-1-1	
《煤矿安全监察行政处罚办法》	国家煤矿安全监察局	部门规章	2003-8-15	
《煤矿建设项目安全设施监察规定》	国家煤矿安全监察局	部门规章	2003-8-15	
《煤矿企业安全生产许可证实施办法》	国家煤矿安全监察局	部门规章	2004-5-17	
《煤矿安全监察员培训考核办法》	国家煤矿安全监察局	部门规章	2004-5-1	
《煤矿安全规程》	国家煤矿安全监察局	部门规章	2011-3-1	2005-1-1

续表 4-1

名称	制定部门	性质	生效日期（修订后）	原生效日期
《安全生产培训管理办法》	国家煤矿安全监察局	部门规章	2012-3-1	2004-12-28
《国有煤矿瓦斯治理规定》	国家煤矿安全监察局	部门规章	2005-1-6	
《国有煤矿瓦斯治理安全监察规定》	国家煤矿安全监察局	部门规章	2005-1-6	
《安全生产行政复议规定》	国家煤矿安全监察局	部门规章	2007-9-25	
《安全生产事故应急预案管理办法》	国家煤矿安全监察局	部门规章	2009-5-1	
《生产安全事故信息报告和处置办法》	国家煤矿安全监察局	部门规章	2009-7-1	
《煤矿防治水规定》	国家煤矿安全监察局	部门规章	2009-12-1	
《特种作业人员安全技术培训考核管理规定》	国家安全生产监督管理总局	部门规章	2010-7-1	
《煤矿领导带班下井及安全监督检查规定》	国家煤矿安全监察局	部门规章	2010-10-7	
《生产经营单位瞒报谎报事故行为查处办法》	国家安全生产监督管理总局	部门规章	2011-6-15	
《企业安全生产费用提取和使用管理办法》	财政部、国家安全生产监督管理总局	部门规章	2012-2-14	
《煤层气地面开采安全规程(试行)》	国家煤矿安全监察局	部门规章	2012-4-1	
《煤矿安全培训规定》	国家煤矿安全监察局	部门规章	2012-7-1	
《煤矿矿长保护矿工生命安全七条规定》	国家煤矿安全监察局	部门规章	2013-1-24	
《企业安全生产应急管理九条规定》	国家安全生产监督管理总局	部门规章	2015-1-30	
《煤矿作业场所职业病危害防治规定》	国家煤矿安全监察局	部门规章	2015-4-1	

资料来源：根据国家煤矿安全监察局网站信息整理。

　　《宪法》为中国煤矿安全法律法规的最高法律,其第 42 条是有关安全方面最高的法律效力规定。与煤矿安全有关的法律主要包括《劳动法》《安全生产法》

《矿山安全法》《煤炭法》《矿产资源法》《刑法》《工会法》《刑事诉讼法》《行政处罚法》等。国际劳动公约属于国际范畴，虽不包括在中国的法律体系内，但如果属于中国认同的，均可以在中国具有法律效力。煤矿安全监察行政法规是国务院制定的煤矿安全监察的法律依据，如《煤矿安全监察条例》《安全生产许可证条例》等。虽然中国在煤矿安全方面的立法已取得很大成绩，但仍需进一步完善并修正。

除了以上法律、行政法规、部门规章外，还有一些省份依据自身实际情况制定法规和规章，如山西省 2004 年颁布的《山西省煤矿安全生产监督管理规定》和《山西省煤矿企业安全生产许可证实施细则》，辽宁省 2011 年颁布的《辽宁省煤矿安全生产监督管理条例》等。这些煤矿安全的法律、行政法规、部门规章以及其他大量的地方法规、条例为中国煤矿安全监察监管工作提供了文本性制度依据。

在以上法律、行政法规、部门规章以及地方性法规和规章中，《煤矿安全监察条例》（国办发〔2000〕296 号）是国家煤矿安全监察机构行政执法依据，是第一部专门性的煤矿安全监察行政法规，是中国煤矿安全监察法制建设的里程碑；2013年，国务院公布《国务院关于废止和修改部分行政法规的决定》，对其部分内容进行了修改。

法律应该是一种满足社会需求的社会制度，其作用在于保障各种利益并实现利益之间的平衡，但是以上法律、行政法规、部门规章等之间并不是一种相互契合的关系，它们之间存在着某些冲突，有的法律、行政法规、部门规章本身也存在一些问题，如《煤矿安全监察条例》在监察内容、行政处罚的内容上不够细化，存在量刑幅度太大的缺陷，不能较好的体现各种利益之间的平衡，最终在一定程度上对中国煤矿安全监察监管的效果产生不良影响，如这些法律、行政法规、部门规章等之间不衔接、不协调，甚至互相矛盾；煤矿安全监察机构，即国家煤矿安全监察局作为新兴的国家垂直管理的机构，国家应在行政执法方面赋予更大更广泛的权利。不同的法律、行政法规、部门规章等所规定的煤矿安全监察监管主体不一样，使得监察监管行为缺乏充分而一致的法律依据，还导致多头监察监管互相冲突的现象；现有的法律、行政法规、部门规章等未能很好地解决代表国家的监察机构和地方煤矿安全监管机构的权力制约问题；另外，在现有的监察监管制度和机构设置中，煤矿企业和煤矿工人的权益没有得到详细且具有可操作性的规定和体现，煤矿工人是直接受益者，理应成为监察监管的重要参与者，但是煤矿安全监察监管相关法律制度对矿工如何参与安全监察监管，没有作出具有可操作性的规定；等等。

4.3　煤矿安全监察监管特征

中华人民共和国成立以来,中国煤矿安全监察监管工作历经重复变化过程,目前已形成"国家监察,地方监管,企业负责"的煤矿安全监察监管工作格局,在这种格局下煤矿安全监察监管机构运行的体制和模式已经基本定型,其运行模式和体制已形成以下特点。

4.3.1　中国现行的煤矿安全监察监管组织机构运行体制特征

(1)煤炭行业进行单独管理,建立煤矿安全监察监管系统,国家煤矿安全监察局和地方煤矿安全监管机构共同承担着对煤矿企业安全生产状况的行政执法的任务。

(2)国家煤矿安全监察实行垂直管理、分级监察,垂直管理是指国家煤矿安全监察局对省级煤矿安全监察局和煤矿安全监察分局的监察业务、人事、财力等方面采取自上而下的管理,分级监察是指煤矿安全监察工作分为国家煤矿安全监察局、省级煤矿安全监察局、煤矿安全监察分局的三级监察,三级监察的内容、职责不同。

(3)国家煤矿安全监察局在产煤省设立省级煤矿安全监察局、产煤市设立煤矿安全监察分局时往往遵循传统官僚体制,且省级煤矿安全监察局和煤矿安全监察分局及其对应人员的行政级别与地方政府基本对应。

(4)在煤矿安全监察和煤矿安全监管实践中,对煤矿企业的管制分类以煤矿企业的行政级别和所处区域为主要标准,一般国有重点大型集团所属煤矿由国家煤矿安全监察局负责监察,其他低级别煤矿主要由地方煤矿安全监管部门负责监管,国家煤矿安全监察局配合监管。

4.3.2　煤矿安全监察监管组织机构运行模式特征

(1)煤矿安全监察监管的法律法规立法具有指令性或详述式立法的特点,监察监管的模式主要是强制性服从模式。煤炭行业是特殊领域,煤矿监察监管立法方面主要包括 4 类立法标准:详述式立法标准、一般性义务立法标准、基于绩效式的立法标准和基于系统过程式的立法标准。详述式立法标准又称指令性立法标准,是精确地告诉被监察监管者在什么样的情况下采取什么样的具体措施;一般性义务立法标准又称目标设定法标准,它设定一些被监察监管者必须遵循的原则;基于绩效式的立法标准是要确定具体的职业健康与安全改善程度或期望的绩效水平,对如何达到这个结果则留给被监察监管者根据具体情况作出决策和调整；等等。在详述式立法标准下，因为存在着大量详细的指令或标准需要被实施，其监察监管的模式主要是强制性服从模式，而在一般性义务立法、基于绩效式的立法和基于系统过程式的立法标准下，监察监管模式则主要是"自律模式"。中国煤矿安全监察监管的法律体系包括法律、行政法规、部门规章以及地方性法规和规章，已经较严密地覆盖了煤矿生产中的几乎所有的行为，具有明显的详述式立法特点。

（2）国家煤矿安全监察监管模式日渐强化。长期以来，中国从未设立单独的部门从事煤矿安全管理，在计划经济与公有制背景下，中国煤矿安全管理一开始实施的就是由煤炭行业主管部门负责的模式。此后，煤矿安全始终是由这种行业性极强的燃料工业部、煤炭工业部、能源部或者国家经贸委下设的煤炭工业局负责，这种行业管理模式的最大特点是：在利益一体化基础上，以内部行政管理的方式干预煤矿安全，是典型的"全能政府"治理模式。但是随着经济、政治体制改革的不断深化，特别是煤炭投资主体多元化导致的国家一元利益格局被打破后，在国有煤矿之外，地方煤矿、小煤矿大量出现，这种行业管理模式越来越难以实现对煤矿安全的有效管理。因此，面对日益严峻的煤矿安全形势以及社会公众与国际社会的巨大压力，中央政府需要通过改革新的煤矿安全管理模式来显示其对生命权的重视以及治理煤矿事故频发的决心。在借鉴西方发达国家政府管制经验尤其是在经济、社会诸多领域都比较成功的独立煤矿管制模式的基础上，中国政府决定对煤矿安全管理体制进行根本性的改革，将煤矿监察与煤矿管理分开，建立垂直管理的煤矿安全监察体制。

（3）工人与工会被排除在煤矿安全监察监管模式之外。煤矿工人是煤矿安全监察监管的直接受益者，理应成为监察监管的重要参与者，但煤矿安全监察监管法律制度对煤矿工人如何参与煤矿安全监察监管，没有作出具有可操作性的规定，工会也仅仅是一种形式。

（4）煤矿安全监察监管缺乏合作与服务意识。在目前的煤矿安全监察监管实践中，煤矿安全监察机构和煤矿安全监管机构对煤矿企业的手段主要是采取检查、处罚，其次是开展发证、培训、认证、应急救援等工作，缺乏对煤矿企业的合作与服务措施。

根据以上对中国煤矿安全监察监管组织机构运行体制和模式特点的分析，中国煤矿安全监察监管模式可以概括为"政府一元强制性服从监察监管模式"，其典型特征是煤矿安全法律法规的立法具有指令性或详述式立法的特点，主要通过独立的国家煤矿安全监察局和地方煤矿安全监管机构对煤矿企业实施管制，煤矿职工和工会参与监察监管程度薄弱，煤矿安全监察监管缺乏合作与服务意识等。

4.4　煤矿安全监察监管有效性分析

新的煤矿安全监察监管组织机构建立以来,中国煤矿安全形势得到了很大改观,国家煤矿安全监察局也从创立伊始的 19 个省级煤矿安全监察局、68 个区域监察办事处,发展到目前的 27 个省级煤矿安全监察机构、76 个区域监察分局。然而,国家在实施新的煤矿安全监察监管机制改革以来,煤矿安全监察监管的效果怎样? 煤矿安全状况的改善程度有多大? 目前,国内外很多学者有关煤矿安全监察监管有效性的研究大多集中在定性分析上,本书认为仅停留在定性分析的基础上还远远不够,因而本节将基于对比分析中国煤矿安全监察体制改革前后煤矿安全监察监管机构的变迁过程基础上,通过构建时间序列模型并不断进行修正,对这一新的煤矿安全监察监管机构的有效性进行分析。

4.4.1　中国煤矿安全生产概况

中国煤矿历年来都是安全生产领域的重灾区,在铁路、冶金、建筑、石油、煤炭等 12 个产业门类中,煤炭行业事故频发,伤亡最严重,影响最恶劣。通过对 1950—2014 年中国煤矿事故死亡人数及百万吨死亡率进行统计,发现随着上述煤矿安全国家管理体制的不断变迁以及煤矿安全生产技术水平的不断提高发展,全国煤矿事故死亡人数及百万吨死亡率都呈现波动变化,但整体上下降的态势,如图 4-2 所示。

图 4-2　煤矿安全管理体制改革前后中国煤矿安全状况

(资料来源:根据煤炭工业统计年鉴、国家煤矿安全监察局网站信息整理。)

具体来看,中国煤矿安全状况呈现以下特点:

(1) 从事故类型结构来看,瓦斯爆炸事故是煤矿企业中危害最大、死亡比例最高的事故。

中国于 1999 年底开始对煤矿安全管理体制进行根本性的改革,重新组建新的煤矿安全监察监管组织机构,对煤矿安全生产实行垂直管理、分级监察,成立国家煤矿安全监察局。因此,依据煤矿监察管理体制改革前后两个阶段对中国煤矿事故各类型事故的累计事故总起数、总死亡人数占比情况进行统计可以看出,瓦斯爆炸事故依然是煤矿企业中危害最大、死亡比例最高的事故(见图 4-3)。

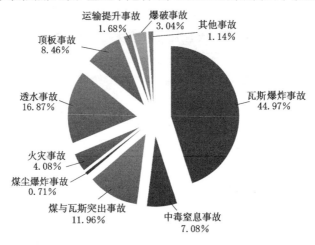

图 4-3　不同事故类型造成的死亡人数百分比(2001—2010)

例如 2002 年,全国煤矿企业共发生 4 344 起死亡事故,死亡 6 995 人,其中瓦斯爆炸事故 325 起,总死亡 1 703 人,分别占 7.48% 和 24.35%。同时,从煤矿安全管理体制改革前后各事故类型所占比例可以发现,人为原因引起的事故是煤矿安全生产重点排查防控的事故类型,而煤矿地质条件引起的事故类型所占比例上升。

(2)从煤矿类型来看,乡镇煤矿是煤矿事故发生的重灾区,煤矿安全状况显著地糟糕于其他类型的煤矿。

按照所有权的归属、隶属关系和产品分配形式的不同,中国煤矿可以划分为 3 种:由中央和省两级煤炭管理部门(部、厅)管理控制的国有重点煤矿,由地(市)、县政府的相关部门管理控制的地方国有煤矿,由集体组织或个人控制的非国有煤矿(乡镇煤矿)。国有重点煤矿是由国家投资建设,生产的煤炭主要由国家指导分配,超出国家配额的,可以自由进入市场销售;地方国有煤矿由地方性政府建设,主要用于为地方提供用煤的煤矿;小煤矿由个人或乡镇投资建设,其生产的煤炭直接进入市场交易。一般而言,我们将国有重点煤矿和地方国有煤矿统称为国有煤矿,其余煤矿称为乡镇煤矿(小煤矿),这三类煤矿的发展是中国在一定时期历史背景下的产物。乡镇煤矿与国有大型煤矿(国有重点煤矿和地方国有煤矿)发生特大恶性事故不同的是,乡镇煤矿因为规模不大,死亡人数超过百人的事故很少发生,但由于其煤矿生产技术水平低下、装备设施落后以及安全保障能力低下,且超量开采现象严重,因此,煤矿安全事故发生的频率远远高于国有重点煤矿和地方国有煤矿。

因为乡镇煤矿是在 20 世纪 80 年代后期才发展起来的,所以新中国成立初期的煤矿事故都发生在国有煤矿,因此对中国不同类型煤矿的安全状况的比较主要从 80 年代开始,如图 4-4 和图 4-5 所示。

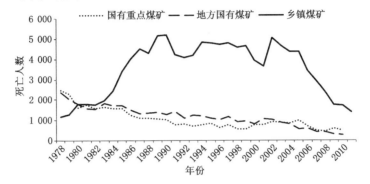

图 4-4　全国不同类型煤矿死亡人数(1978—2012)

(资料来源:根据煤炭工业年鉴、国家煤矿安全监察局网站信息整理。)

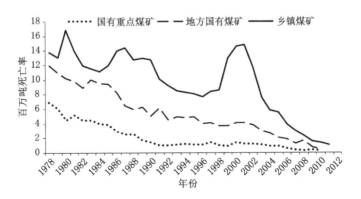

图 4-5　全国不同类型煤矿百万吨死亡率(1978—2012)

(资料来源:根据煤炭工业年鉴、国家煤矿安全监察局网站信息整理。)

由图 4-4 可以看出,国有重点煤矿和地方国有煤矿的死亡人数整体上呈现出下降的趋势,在最初的四年,国有重点煤矿的死亡人数略高于地方国有煤矿,而从 1982 年开始一直到煤矿安全管理体制改革后的两年内,地方国有煤矿的死亡人数略高于国有重点煤矿,在最近十年国有重点煤矿的死亡人数又略高于地方国有煤矿。与国有煤矿死亡人数变化相比较,乡镇煤矿可谓是事故的重灾区,乡镇煤矿从 20 世纪 80 年代开始发展起来其死亡人数在最初的十年显著上升,而后十五年处于居高不下的状态,在 1998 年也就是国家出台了关闭大量小煤矿的政策后,乡镇煤矿死亡人数略有下降,但从煤矿安全管理体制改革后的 2001年开始又快速回升,从 2003 年至今乡镇煤矿的死亡人数逐年显著下降。而从煤矿百万吨死亡率(图 4-5)来看,其趋势也是大致相同,国有重点煤矿好于地方国有煤矿,乡镇煤矿的百万吨死亡率一直远远高于其他类型的煤矿,直到最近两年才略高于其他类型煤矿。

总之,中国不同类型煤矿的改善程度不一样,乡镇煤矿无论是在死亡人数还是百万吨死亡率方面都显著高于国有煤矿,乡镇煤矿的安全状况远远糟糕于国有煤矿。

(3)从历史发展来看,煤矿安全具有经济、社会的时代特征,煤矿安全与社会经济发展阶段具有相关性。

1949 年中国煤炭产量 3 243 万 t,2014 年增长到 38.7 亿 t,增长了 118.3倍;百万吨死亡率也由 1949 年的 22.54 下降到 2014 年的 0.24,下降了约 93 倍。全国煤矿事故死亡人数及百万吨死亡率总体呈现下降趋势,但是这个过程并不均衡(见图 4-2)。由图 4-2 可以看出,其间出现几次煤矿事故高峰,包括中华人民共和国成立初期、"大跃进"时期、"文化大革命"后期、"七五"计划时期以及煤矿安全监察管理体制改革初期,体现了特殊社会经济发展阶段。

一是中华人民共和国成立初期(1949—1954 年)。煤矿安全生产初创期,百废待兴,煤矿开采技术和装备以及管理都很落后,原始的采掘方法普遍存在,因此,造成煤矿伤亡事故多发,这期间(1949—1954 年)全国平均煤矿百万吨死亡率高达 11.45。

二是"大跃进"时期(1958—1961 年)。"大跃进"给煤炭工业造成了巨大冲击,受"生产第一"和"高指标"的影响,且推行"二参一改三结合"(干部参加劳动,工人参加管理,改革管理制度,干部、技术人员和工人三结合),严重削弱了煤炭企业和主管部门安全生产管理工作,煤矿管理局及煤矿技术安全监察局被撤销,大部分煤矿企业撤销了安全科,废除了许多行之有效的规章制度,重大伤亡事故接连发生,在全国造成恶劣影响,尤其是 1960 年 5 月 8 日发生在山西大同矿务局老白洞煤矿的瓦斯爆炸事故造成 684 名矿工遇难。这一时期,全国煤矿百万吨死亡率高达 13.6。

三是"文化大革命"后期(1971—1976 年)。"文化大革命"时期"极左"思想泛滥,劳动保护被当成"资产阶级活命哲学"受到批评,在调整时期,即 1962—

1965 年制定的一系列煤矿安全措施政策遭到否定,煤矿安全法律法规和管理机构遭到破坏,初步形成的煤矿安全管理体制瘫痪,煤矿安全生产的监管以及法律法规建设崩溃。煤矿安全生产领域的综合管理和法制建设全面瘫痪纪律松弛、违章指挥和冒进蛮干成为生产现场的常态。在这种背景下,煤矿伤亡事故起数再次大幅度上升,形成中华人民共和国成立以来的又一次煤矿伤亡事故高峰,在此期间百万吨死亡率为 9.39。

四是“七五”计划时期(1985—1991 年)。在“‘有水快流’——中央、地方、集体、个体一起上”思想的指导下,国家放松了办矿政策,大力发展乡镇煤矿。此后,乡镇煤矿的数量和产量快速增加,1991 年时其数量达到 10 多万座。乡镇煤矿的迅速崛起大大缓解了中国煤炭供需紧张的局面,结束了煤炭短缺的历史,促进了产煤区的就业和经济发展,但同时也带来了安全形势恶化,使得煤矿死亡人数大幅度增加。这期间煤矿事故平均每年死亡人数为 6 936 人,百万吨死亡率为 6.78。其中,乡镇煤矿平均每年死亡人数为 4 400 人,占总死亡人数的63.4%,百万吨死亡率平均为 12.72。

五是煤矿安全监察管理体制改革初期(1998—2003 年)。从 1998 年底开始,国家对煤炭工业管理体制进行了一系列重大改革,对小煤矿采取了关闭压产的政策,重新组建新的煤矿安全监察管理组织机构,成立国家煤矿安全监察局,实行垂直管理、分级监察。随着这一系列行政管理体制的变革,煤矿事故平均每年死亡人数为 6 278 人,其中,乡镇煤矿平均每年死亡人数为 4 425 人,占总死亡人数的 70.5%。

从 2001 年开始,尤其是 2002 年以后,中央政府以高压政策整顿煤矿、抑制煤矿事故,同时煤矿安全监察管理体制不断完善,煤矿安全监察监管力度不断加大,舆论监督也于 2002 年开始正式介入煤矿安全,煤矿安全形势开始出现好转。2002 年全国煤矿事故总死亡人数为 6 995 人,此后逐年下降,到 2014 年全国煤矿事故总死亡人数已下降为 931 人;全国煤矿百万吨死亡率也从 2002 年的4.94 下降为 2014 年的 0.24。

(4)虽然中国新的煤矿安全监察监管机制建立以来,煤矿安全形势有了很大改善,但中国煤矿安全管理的水平与主要产煤国家相比还有一定的差距。

关于中国煤矿事故多发的原因,政府、企业以及许多学者从不同的层面作了大量分析。在众多的原因中,除了煤田、煤层等自然条件客观原因外,绝大多数是人为原因,而利益驱动是其内在动力。

4.4.2　模型设计与指标选取

从目前中国的实际情况来看,在样本选择、数据获得及数据准确性判断等方面均有很大的困难,从而对煤矿安全监察管理体制改革后形成的新的煤矿安全监察监管有效性分析的准确性产生影响,因而,本书采用分析煤矿安全监察监管对全国煤矿安全状况的宏观影响,引入时间序列分析法进行分析。在此之前,很多学者应用该方法分析体制改革的有效性,并不断将其修正完善,目前该方法对体制改革的有效性分析已有较强的解释力。该方法的基本思路是,选取某一个连续时期内可以衡量煤矿安全状况的数据作为观测值,判定监察监管对安全记录的改善是否有明显作用,如果回归系数是显著的为负,则新的煤矿安全监察监管机制对于全国煤矿安全记录的改善有负面作用;如果回归系数是显著的为正,则新的煤矿安全监察监管机制对于全国煤矿安全记录的改善有正面作用。

首先,选取 1978—2013 年全国煤矿百万吨死亡率的数据,如表 4-2 所列。

表 4-2 **1978—2013 年中国煤矿安全生产基本情况**

年份	煤炭产量/亿 t	死亡人数/人	百万吨死亡率
1978	6.18	6 001	9.94
1979	6.35	5 566	8.54
1980	6.20	5 165	8.17
1981	6.22	5 162	8.17
1982	6.66	4 873	7.21
1983	7.14	5 431	7.60
1984	8.94	6 736	7.22
1985	8.72	6 659	7.63
1986	8.94	6 736	7.65
1987	9.28	6 897	7.37
1988	9.80	6 751	6.78
1989	10.54	7 625	6.67
1990	10.79	7 473	6.16
1991	10.82	6 412	5.21
1992	11.15	5 992	4.65
1993	11.51	6 244	4.78
1994	12.29	7 239	5.15

年份	煤炭产量/亿 t	死亡人数/人	百万吨死亡率
1995	12.92	6 907	5.03
1996	13.74	6 646	4.67
1997	13.25	7 083	5.10
1998	12.32	6 302	5.02
1999	10.44	6 469	5.30
2000	9.99	5 796	5.71
2001	11.06	5 670	5.03
2002	14.15	6 995	4.94
2003	17.29	6 434	3.71
2004	19.97	6 027	3.08
2005	21.51	5 938	2.81
2006	23.32	4 746	2.04
2007	25.23	3 786	1.49
2008	27.48	3 215	1.18
2009	30.12	2 631	0.87
2010	32.48	2 433	0.75
2011	34.98	1 973	0.56
2012	36.6	1 384	0.37
2013	37	1 073	0.29

资料来源：根据煤炭工业年鉴、国家煤矿安全监察局网站信息整理。

模型设计如下：

$$Y_t = \beta_0 + \beta_1 X_{1t} + \beta_2 D_{1t} + \beta_3 D_{2t} + e_t \tag{4-1}$$

式中：Y_t 用来衡量全国的煤矿安全状况；X_{1t} 用来衡量时间，是时间变量，依次取 1 到 N；D_{1t} 为虚拟变量，1999 年及以前 D_{1t} 的取值为 0，之后 D_{1t} 的取值为 1；D_{2t} 为衡量时间的虚拟变量，1999 年及以前 D_{2t} 的取值为 0，之后 D_{2t} 的取值依次为 1，2，……；β_0、β_1、β_2 和 β_3 为回归系数；e_t 为残差项。

另外，参数 β_0 和 β_1 分别用来表示 1999 年及以前煤矿安全状况的水平（即线性回归的截距）和变化趋势（即线性回归的斜率），相应的 β_2 和 β_3 分别用来表示 1999 年煤矿安全监察管理体制改革以后对原有安全状况改善的影响程度，进一步讲，β_2 表示水平影响（即短期影响），β_3 表示趋势影响（即长期影响）。因此，要衡量煤矿安全监察管理体制改革的效果就是衡量 β_0 和 β_1 是否受影响，即检测

β_2 和 β_3 是否显著。如果 β_2 显著异于 0，则说明新体制的实行对安全状况的改善有短期影响，反之说明没有短期影响。同理，如果 β_3 显著异于 0，则说明新体制的实行对安全状况的改善有长期影响，反之说明没有长期影响。

在以上模型中，涉及 Y_t、X_{1t}、D_{1t} 和 D_{2t} 四个变量，其中 X_{1t}、D_{1t} 和 D_{2t} 三个变量的取值已确定，而 Y_t 的取值还未确定。衡量煤矿安全状况的指标很多，如每年的事故起数、每年的伤亡人数等，这里我们选择百万吨死亡率（Y_t）。选择该指标是出于以下几点考虑：首先，选择死亡数据作为指标是因为死亡是煤矿生产中最严重的事故情况；其次，死亡数据与其他数据之间有较高的相关关系，可以间接地反映其他数据的情况；最后，选择百万吨死亡率是因为该数据更具有一般性。

4.4.3 实证检验

本书有关全国煤矿百万吨死亡率的数据来源于《中国煤炭工业统计年鉴》和国家煤矿安全监察局网站，样本区间为 1978—2013 年。由回归模型的设计分析及 1978—2013 年全国煤矿百万吨死亡率的数据得 Y_t、X_{1t}、D_{1t} 和 D_{2t} 四个变量的数据（表 4-3）。应用计量经济分析软件 EViews，采用最小二乘法估计参数输出结果（表 4-4）。

表 4-3 1978—2013 年 Y_t、X_{1t}、D_{1t} 和 D_{2t} 四个变量的数据

年份	Y_t	X_{1t}	D_{1t}	D_{2t}	年份	Y_t	X_{1t}	D_{1t}	D_{2t}
1978	9.94	1	0	0	1996	4.67	19	0	0
1979	8.54	2	0	0	1997	5.10	20	0	0
1980	8.17	3	0	0	1998	5.02	21	0	0
1981	8.17	4	0	0	1999	5.30	22	0	0
1982	7.21	5	0	0	2000	5.71	23	1	1
1983	7.60	6	0	0	2001	5.03	24	1	2
1984	7.22	7	0	0	2002	4.94	25	1	3
1985	7.63	8	0	0	2003	3.71	26	1	4
1986	7.65	9	0	0	2004	3.08	27	1	5
1987	7.37	10	0	0	2005	2.81	28	1	6
1988	6.78	11	0	0	2006	2.04	29	1	7
1989	6.67	12	0	0	2007	1.49	30	1	8
1990	6.16	13	0	0	2008	1.18	31	1	9

续表 4-3

年份	Y_t	X_{1t}	D_{1t}	D_{2t}	年份	Y_t	X_{1t}	D_{1t}	D_{2t}
1991	5.21	14	0	0	2009	0.87	32	1	10
1992	4.65	15	0	0	2010	0.75	33	1	11
1993	4.78	16	0	0	2011	0.56	34	1	12
1994	5.15	17	0	0	2012	0.37	35	1	13
1995	5.03	18	0	0	2013	0.29	36	1	14

表 4-4　　　　　　　　　应用 EViews 输出的数据结果

变量	系数	标准误差	t 统计量	概率
C	9.033 766	0.232 442	38.864 53	0.000 0
X_1	−0.216 296	0.017 698	−12.221 58	0.000 0
D_1	1.629 440	0.390 123	4.176 733	0.000 2
D_2	−0.279 683	0.047 463	−5.892 659	0.000 0
R^2	0.958 594	因变量均值		5.182 059
调整的 R^2	0.954 453	因变量标准差		2.467 656
回归标准误差	0.526 642	赤池信息量准则		1.665 538
残差平方和	8.320 539	施瓦兹准则		1.845 110
对数似然函数值	−24.314 14	F 统计量		231.508 1
德宾-沃森统计	0.799 599	F 统计量概率		0.000 000

由表 4-4 得出估计的回归模型为：

$$Y_t = 9.033\ 766 - 0.216\ 296X_{1t} + 1.629\ 440D_{1t} - 0.279\ 683D_{2t} + e_t$$

$$(38.86)\qquad (-12.22)\qquad\qquad (4.18)\qquad\qquad (-5.89)$$

$$R^2 = 0.959\qquad\qquad N = 34\qquad\qquad D - W = 0.800$$

在上述回归方程中,参数下面括号中的数表示 t 值,R^2 表示判定系数,N 为样本观测值个数,$D-W$ 为德宾-沃森统计量。

残差平方和(Sum squared resid)＝8.320;

回归标准差(S. E. of regression)＝0.527。

回归模型的统计检验发现:估计的样本回归模型较好地拟合了样本观测值,且都已通过 F 检验、t 检验和异方差检验,但自相关检验没有通过,因此需要对模型进行修正以消除自相关,采用广义最小二乘法进行估计,经过两次差分后消除了自相关，对样本(1980—2011 年)再次回归，输出结果如表 4-5 所列。

表 4-5　　　　　　两次广义最小二乘法后应用 EViews 输出的结果数据

变量	系数	标准误差	t 统计量	概率
C	2.801 003	0.219 149	12.781 26	0.000 0
X_1	−0.178 630	0.042 751	−4.178 366	0.000 3
D_1	0.951 880	0.415 745	2.289 574	0.029 8
D_2	−0.266 393	0.086 969	−3.063 081	0.004 8
R^2	0.831 429	因变量均值		1.479 964
调整的 R^2	0.813 367	因变量标准差		0.863 857
残差平方和	3.899 680	施瓦兹准则		1.166 253
对数似然函数值	−11.728 57	F 统计量		46.033 91
德宾-沃森统计	2.071 155	F 统计量概率		0.000 000

经过两次差分后经计算 $\beta_0 = 8.539\ 643\ 2$，因此最终修正后的回归模型为：

$$Y_t = 8.539\ 643\ 2 - 0.178\ 630X_{1t} + 0.951\ 880D_{1t} - 0.266\ 393D_{2t} + e_t$$
$$(12.78)\qquad\quad (-4.18)\qquad\quad (2.29)\qquad\quad (-3.06)$$
$$R^2 = 0.83 \qquad\qquad N = 34 \qquad\qquad D-W = 2.07$$

经检验，上述回归模型拟合的效果仍然比较好，都已通过 F 检验、t 检验、自相关和异方差检验。回归模型中，样本的判定系数 $R^2 = 0.83$，这表明估计的样本回归方程较好地拟合了样本观测值，新的煤矿安全监察监管机制对全国煤矿安全生产状况记录的改善有很大的影响作用。

具体来看，对于给定的显著性水平 $\alpha = 0.05$，因为 $F = 46.03 > F_{0.05(3,30)} = 2.92$，所以总体回归方程是显著的，即在全国煤矿安全状况与体制改革后的时间变量有显著的关系；回归系数 β_0、β_1、β_2 和 β_3 的 t 值分别达到 12.78、−4.18、2.29 和 −3.06，$t_{0.05/2,30} = 1.70$，因此回归系数 β_0、β_1、β_2 和 β_3 都是显著的，这一检验结果说明，中国煤炭的安全记录有逐渐改善的趋势，而 1999 年开始实施的新的煤矿安全监察监管机制对煤矿安全记录的改善，从短期看有负面的作用（系数为正），而且这一影响在 5% 显著性水平下是显著的，但从长远看有正面作用（系数为负），有利于安全记录的改善，该影响在 5% 显著性水平下也是显著的。

进一步分析新的煤矿安全监察监管机制对中国三类煤矿（国有重点煤矿、地方国有煤矿和乡镇煤矿）的效果，得出从短期来看，新的煤矿安全监察监管机制对乡镇煤矿的负面作用程度最大，对国有重点煤矿的负面作用程度最小；但从长远来看，新的监察监管机制对乡镇煤矿的改善效果最明显，对国有重点煤矿的改善效果最差。

综上所述,2000 年开始实施的新的煤矿安全监察监管机制,从短期来看,新的煤矿安全监察监管机制对全国的煤矿安全记录的改善有负面作用,其中对乡镇煤矿的负面作用程度最大,对国有重点煤矿的负面作用程度最小;但从长远来看,新的监察监管机制对全国煤矿安全记录的改善效果显著,其中对乡镇煤矿的改善效果最明显,对国有重点煤矿的改善效果最差。

4.4.4　回归结果分析

以上的回归结果可能会让人产生疑问,本书将从 1998 年末关闭非法乡镇小煤矿政策的影响和 1999 年底开始的全国煤矿安全监察管理体制改革的实施情况两个方面进行分析。

(1) 关闭非法乡镇小煤矿(1998 年底开始)政策的影响

由表 4-2 可以看出,1998—2002 年间中国的煤矿百万吨死亡率上下波动,因此从回归结果看,新的煤矿安全监察监管机制在短期内不利于中国煤矿安全记录效果的改善。这期间,安全记录的恶化与 1998 年底开始关闭大量非法乡镇小煤矿政策有很大的关系。首先,关闭非法小煤矿政策本身会产生两个方面的影响:① 由于小煤矿的关闭当时是分批进行的,当一批小煤矿被关闭时,没被关闭的小煤矿会有危机感,会在没被关闭前抓紧生产,从而更加不注重煤矿安全问题,导致事故增加;② 由于大量关闭小煤矿,煤的供给减少甚至可能供不应求,使得煤炭价格上涨,利润增加,其他煤炭企业同样会尽可能地增加产量,忽视安全问题。其次,不少非法小煤矿根本无法彻底关闭,关而不死,死灰复燃压力较大。总之,以上两个方面的因素,关闭时的负面影响加上恢复时的负面影响,这双重作用使得短期内煤矿安全记录恶化,进而表现为新的煤矿安全监察监管机制对安全记录的改善表现为负面作用。

(2) 新的煤矿安全监察监管组织机构存在许多不足的影响分析

2002 年之后,全国煤矿安全记录有再次改善的趋势。回归结果显示,从长期看,煤矿安全管理体制改革后所形成的新的煤矿安全监察监管机制对安全记录的改善有正面影响,影响在 5% 显著性水平下是显著的,但煤矿安全监察监管组织机构仍然存在许多不足之处。

第一,统一执法权威性不强。国家每年都新出台一些相关的法律法规,其中,一些法律法规在衔接上与原有的相关法律法规会有脱节或是冲突,使得监察监管行为缺乏充分而一致的法律依据,还导致多头监察监管互相冲突的现象。同时,基层在法律法规的贯彻上,往往原搬照抄,将之停留在书面上、口头上,没有根据自己的职责和管辖范围进行业务方面的重要法律法规的收集、吸收和消化,造成法律法规落实不到位,违章指挥、违章作业现象严重。在企业层面上,由于政府职能转变,实现政企分开,政府从"直接干预"转变为"宏观调控",在对煤矿企业经营"松绑"的同时,不再对煤矿企业的安全生产工作进行直接部署,加上行业管理逐渐淡化和撤出,需要权威的执法监督,煤矿安全监察监管机构规格普遍较低,"腰杆不硬""说话不灵",即使是国家安全生产监督管理总局、国家煤矿安全监察局,在全面落实其"依法行使国家煤矿安全生产综合监督管理职权,指导、协调和监督有关部门安全生产监督管理工作"时,都存在一定的工作难度和压力,缺乏权威性。

第二,国家煤矿安全监察局和地方煤矿安全监管机构职责交叉,没有实现有效的分离。国家煤矿安全监察局和地方煤矿安全监管机构共同承担着对煤矿企业安全生产行政执法的任务,均有权对煤矿安全生产隐患和违法行为实施检查,并依法进行查处,这导致煤矿安全监察机构和地方煤矿安全监管机构职责交叉的现象,职权交叉不可避免会对相关事故的认定产生分歧,这都影响了煤矿安全监察职能的效率,在煤矿安全监察和监管过程中易出现监察和监管的"缺位""错位""越位",从而使执法效果不佳。全国共有 27 个省(区)建立了煤矿安全监察机构,在部分重点产煤省份还设有煤炭工业局,行使煤炭行业管理职能,同时各省(区)都设有安全生产监督管理部门承担非煤行业的其他安全生产监管职能。在有些省份,煤矿安全监察机构与煤矿安全监管机构为一套机构,同时承担着对煤矿企业的安全监察和安全监管两种职能。

第三,国家煤矿安全监察局缺乏足够的权威性和强制力保障。国家煤矿安全监察局在执法过程中,除了警告与吊销煤矿企业安全生产许可证和矿长安全生产资格证之外,其他对煤矿企业的行政处理与行政处罚均需地方政府配合执行,国家煤矿安全监察局没有具体的行政强制执行权。这意味着一旦地方政府处于自身利益考虑而不配合国家煤矿安全监察局时,导致国家煤矿安全监察局的基本职责难以在基层面得到具体实施。

第四,国家煤矿安全监察局系统内部级别管辖不明。国家煤矿安全分级监察是指煤矿安全监察工作分为国家煤矿安全监察局、省级煤矿安全监察局、煤矿安全监察分局三级监察,三级监察的内容、职责不同。在实际中,国家煤矿安全监察局和煤矿安全监察分局的职责比较明确,但是省级煤矿安全监察局的职责较为混乱。有些省级煤矿安全监察局主要担负对国有重点大型煤矿负有监察职责,煤矿安全监察分局不负有责任;但也存在省级煤矿安全监察局和煤矿安全监察分局同时对非国有重点大型煤矿实施监察,形成级别管辖重叠。

第五,国家煤矿安全监察局未设立专门的行政监察科室。国家煤矿安全监察局设立的监察司主要是依法监察煤矿企业执行安全生产法律法规情况及其安全生产条件、设备设施安全情况等,而对地方煤矿安全监管机构的监管职能监察大多流于形式。行政监察职能没有在国家煤矿安全监察局中得到重视,并未设立真正的行政监察科室来实施行政监察。

第六,地方煤矿安全监管机构严重缺位。煤矿安全事故频发很大程度上是由于地方政府监管严重缺位造成,地方政府参与的煤矿安全监管较多且拥有很大的执法权力,使得地方保护主义盛行,为了发展地方经济,追求地方利益最大化,往往会忽视国家利益和长远利益。对安全生产的相关法令执行不严,对煤矿行业的市场准入不严格,对于不具备生产能力和生产条件的生产者打击不严,致使关系社会稳定、人民安全和国民经济命脉的煤炭行业市场混乱。另一方面,政府对煤矿安全设施、煤矿安全生产能力和生产条件进行评估不严格,使得很多评估与核定流于形式,这些都表明很多时候政府监督缺位。

第七,国有煤矿级别影响煤矿安全监管的级别管辖。按照所有权的归属、隶属关系和产品分配形式的不同,中国煤矿可以划分为 3 种:由中央和省两级煤炭管理部门(部、厅)管理控制的国有重点煤矿,由地(市)、县政府的相关部门管理控制的地方国有煤矿,以及由集体组织或个人控制的非国有矿(乡镇煤矿)。国有重点煤矿是由国家投资建设的,生产的煤炭主要由国家指导分配,超出国家配额的煤炭可以自由进入市场销售;地方国有煤矿是由地方政府建设的,主要用于为地方提供用煤的煤矿。因此,国有煤矿企业负责人往往带有一定的行政级别,这时如果让一个煤矿安全监察分局去监察一个比其级别高的国有煤矿企业时往往阻力很大。因此,各地在确定煤矿安全监察级别管辖时,被管辖的企业的行政级别往往有着重要影响。厅局级以上的国有煤矿企业往往由省级煤矿安全监察局管辖,厅局级以下的国有煤矿企业以及乡镇和私营煤矿企业则往往由煤矿安全监察分局负责,从而形成既有行政级别又有行政区划的复杂管辖体系。

第八,煤矿安全监察和煤矿安全监管缺乏有效的监督制约机制。国家煤矿安全监察局和地方煤矿安全监管机构缺乏有效的外在监督约束机制,国家煤矿安全监察局在执法过程中缺乏透明性,其具有强大权利而缺乏制约,必然导致监察效率的低下,出现腐败现象。当国家煤矿安全监察局和地方煤矿安全监管机构都未能认真履行其监察职责时,当国家煤矿安全监察局和地方煤矿安全监管机构对煤矿企业监察和监管出现"缺位""错位""越位"时,当国家煤矿安全监察局和地方煤矿安全监管机构对煤矿企业的处罚过重、过轻或重复监察监管时,均没有行之有效的外在监督约束机制进行制约,因此国家煤矿安全监察局何谈高效监察,地方煤矿安全监管机构何谈透明监管。

第九,事故预防监察理念不够、缺乏风险预防安全监管理念。煤矿安全监察机构忙于事故后处理,无法开展有效的事故预防监察。中国煤矿事故多发,目前监察人员的主要精力放在事故调查处理上，对于事故的预防、隐患排查所花费的精力较少，没有使用预防监督管理手段。整个社会及政府各部门缺乏风险预防安全监管理念。风险预防安全理念的核心是消除或减少危险，目前监管的重点是控制危险，所以从煤矿设计、建设、生产、废弃等全寿命周期过程中，火灾、爆炸、透水、顶板等主要灾害危险仍然存在，而风险预防安全监管则是通过监管系统整个过程来消除固有危险源，所以风险预防安全监管也可以说是一种风险预控方法，而传统监管方法是一种"事故的过程预防方法"。

　　第十，国家监察手段落后、以罚代管。国家煤矿安全监察手段落后，只能通过召开煤矿安全监察会议、视频会议传达煤矿安全监察部门精神，或者通过下发文件、指导意见等形式进行安全生产监督管理，对于监察部门文件、会议精神、指导意见，各级主管部门有时候只是传达精神了事、会议精神通常成为一纸空文；进行煤矿安全监察大多采取安全大检查的形式，运动式监察，当大检查开始后，各级部门早有准备，很难真正达到监察的目的。对煤矿安全处罚、准入等主要集中在证照管理上，而不是动态、实时地监察煤矿的动态。由于监察人员少，监察到每个煤矿的次数极其有限，监察覆盖率极低，致使部分煤矿疏于监管，造成监管漏洞。煤矿安全监督检查形式呆板，方法单一，以罚代管。检查中偏重于罚款，缺少具有较强制约力、行之有效的方式方法。

　　总之，中国新的煤矿安全监察监管组织机构存在的上述问题，必然会削弱煤矿安全监察监管的效果，这在很大程度上也提高了煤矿事故发生的概率，尽快解决中国煤矿安全监察监管组织机构存在的问题是我们必须面对的现实。

4.5　本章小结

　　本章主要是在上一章对比分析中国煤矿安全监察体制改革前后煤矿安全监察监管机构变迁过程的基础上，对当前煤矿安全监察监管机构的有效性进行分析。首先，分析当前中国煤矿安全监察监管系统的现状及相关法律法规，并归纳煤矿安全监察监管组织机构运行体制和模式的特点。分析表明：在煤矿安全监察监管体制特征方面：① 煤炭行业进行单独管理；② 国家煤矿安全监察实行垂直管理、分级监察；③ 省级煤矿安全监察局和煤矿安全监察分局的设立往往遵循传统官僚体制，其行政级别与地方政府基本对应；④ 对煤矿企业的监察监管分类以煤矿企业的行政级别和所处区域为主要标准。在煤矿安全监察监管模式特征方面：① 法律法规立法具有指令性或详述式立法的特点；② 监察监管的模式可归纳为"政府一元强制性服从监察监管模式"，且国家煤矿安全监察监管模式日渐强化；③工人与工会被排除在监察监管模式之外；③ 煤矿安全监察监管缺乏合作与服务意识。其次,分析当前煤矿安全监察监管机构的有效性。先对中华人民共和国成立以来中国煤矿安全生产概况进行总结,发现随着上述煤矿安全国家管理体制的不断变迁以及煤矿安全生产技术水平的不断提高发展,全国煤矿安全状况呈现波动变化但整体上改善的态势,进而通过构建时间序列模型并对其不断进行修正;通过对当前煤矿安全监察监管机构的有效性进行分析,结果表明:2000 年开始逐步建立的新的煤矿安全监察监管机制,从短期来看对于全国的煤矿安全记录的改善有负面作用,其中乡镇煤矿中的负面作用程度最大,国有重点煤矿的负面作用程度最小;但从长远来看,新的监察监管机制对全国煤矿安全记录有显著性的改善作用,其中对乡镇煤矿的改善效果最明显,对国有重点煤矿的改善效果最差;接着,从 1998 年末关闭非法乡镇小煤矿政策和当前煤矿安全监察监管组织机构的不足两个方面对回归结果进行分析。

第 5 章　中国煤矿安全监察监管演化博弈模型分析

目前，传统博弈理论已被广泛应用到煤矿安全监察监管问题的利益冲突分析中来，但传统博弈理论对于煤矿安全监察监管各参与方的一个重要假设是"完全理性"和"共同知识"，这往往与实际情况不符。此外，传统博弈理论对于中国煤矿安全监察监管各参与方如何达到均衡点的过程缺乏分析与解释，忽略了博弈过程的动态性研究。而演化博弈理论假定博弈参与者非完全理性，其决策是通过个体之间的模仿、学习和突变等动态过程完成的，从而克服了传统博弈理论的局限性。因此，演化博弈理论更加适于研究中国煤矿安全监察监管问题的利益冲突分析。

5.1　煤矿安全监察监管演化博弈的分类

5.1.1　煤矿安全监察监管系统博弈方的确定

政府对煤矿企业进行安全监察监管可以有效限制垄断力量的运用，改变对煤矿从业人员的激励，促进外部性内部化，减少信息不对称，从而纠正市场失灵，保障煤矿安全生产和矿工合法权益。因此，中国政府借鉴国外煤矿安全监察管理的成功经验，并结合中国实际情况，于 1999 年 12 月 30 日，由国务院办公厅发布了《关于印发煤矿安全监察管理体制改革实施方案的通知》(国办发〔1999〕104号)，并于 2000 年 11 月 7 日，由国务院发布《煤矿安全监察条例》，对煤矿安全管理体制进行了根本性的改革，重新组建了新的煤矿安全监察监管组织机构，对煤矿安全生产实行垂直管理、分级监察。

目前，中国已形成"国家监察、地方监管、企业负责"的煤矿安全监察监管工作格局。也就是说，在煤矿安全监察监管工作的政策实践中，煤矿安全监察是中央政府的职能，煤矿安全监管是地方政府的职能，国家煤矿安全监察局和地方煤矿安全监管机构共同承担着对煤矿企业安全生产行政执法的任务，同时国家煤矿安全监察局有权监督检查地方煤矿安全监管部门对其属地煤矿企业的执法情况并提出相应改进意见，如图 1-1 所示。

在煤矿安全监察监管过程中，国家政府以委托人的身份与代理人(煤矿企业)建立一种安全生产的契约形式,即中央政府对煤矿企业的安全生产进行管制,煤矿企业应该遵循中央政府制定的各项法律法规及政策,并进行安全方面的投入等以满足相应的政策要求。然而,受中国政府层级结构的影响,在实际委托代理关系中并不是简单的一个委托人和一个代理人的对应关系,政府又分为追求不同利益的中央政府和地方政府。在煤矿安全监察监管过程中,煤矿所在地的地方政府相比中央政府具有较多的信息优势,更加了解属地煤矿企业的安全生产状况。因此,中央政府要借助地方政府在煤矿企业安全生产状况上的信息优势,由其监管其属地煤矿企业的安全生产状况。但是,现实中,地方政府往往不是简单地给中央政府传递信息的角色定位。作为经济人,地方政府有追求自身利益最大化的本能,可能存在牺牲中央政府的利益而实现自身利益最大化,诸如与煤矿企业合谋,从煤矿企业获得一定的利益,最终导致中央政府对煤矿企业的管制政策效果不佳等问题。因此,中央政府与地方政府之间也应该建立相应的契约,中央政府委托地方政府监管其属地上的煤矿企业的安全生产状况。中央政府同煤矿企业建立了委托其进行安全生产的契约,同地方政府建立了委托监管其属地上的煤矿企业的安全生产状况的契约,如图 2-8 所示。

综上,目前垂直的煤矿安全监察监管工作格局存在中央政府、地方政府和煤矿企业间的多方博弈。在这种多方博弈格局中,不同的主体地位和谈判能力,导致各主体间利益冲突趋于隐性化,从而在很大程度上影响着中国煤矿安全监察监管的效果。

5.1.2　煤矿安全监察监管演化博弈的分类

演化博弈模型可以分为单种群演化博弈模型和多种群演化博弈模型。依据博弈参与种群个数,中国煤矿安全监察监管系统的演化博弈类型可以划分为单种群演化博弈、两种群演化博弈和系统演化博弈。

5.1.2.1　单种群演化博弈

单种群演化博弈主要研究同一个种群内部个体之间行为的相互影响,该种群中的个体都有相同的纯策略集,它们进行对称博弈。煤矿安全监察监管的单种群演化博弈主要有国家煤矿安全监察机构之间监察行为的演化博弈、地方煤矿安全监管机构之间监管行为的演化博弈,以及煤矿企业之间安全生产行为的演化博弈,如图 5-1 所示。

5.1.2.2　两种群演化博弈

煤矿安全监察监管两种群演化博弈所研究的对象包含两个种群,不同的种群中的个体有不同的策略集,不同种群中的个体之间进行非对称博弈,主要研究种群与个体之间行为的相互影响及不同种群的个体之间的相互影响。煤矿安全

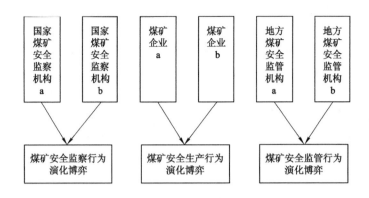

图 5-1　煤矿安全监察监管单种群演化博弈示意图

监察监管的两种群演化博弈包括国家煤矿安全监察机构与地方煤矿安全监管机构之间的演化博弈、国家煤矿安全监察机构和煤矿企业之间的演化博弈,以及地方煤矿安全监管机构与煤矿企业之间的演化博弈,如图 5-2 所示。

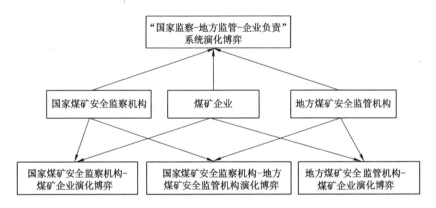

图 5-2　煤矿安全监察监管两种群演化博弈和系统演化博弈示意图

5.1.2.3　系统演化博弈

　　煤矿安全监察监管系统演化博弈所研究的对象包含三个种群,不同种群中的个体有不同的策略集,不同种群中的个体之间进行非对称博弈,主要研究种群与个体之间行为的相互影响及不同种群的个体之间的相互影响。煤矿安全监察监管的系统演化博弈是指由国家煤矿安全监察机构、地方煤矿安全监管机构和煤矿企业三个种群所组成的系统演化博弈,如图 5-2 所示。

5.2　煤矿安全监察监管单种群演化博弈模型分析

由上节可知,煤矿安全监察监管的单种群演化博弈包括国家煤矿安全监察机构之间监察行为的演化博弈、地方煤矿安全监管机构之间监管行为的演化博弈,以及煤矿企业之间安全生产行为的演化博弈。

5.2.1　国家煤矿安全监察机构监察行为演化博弈分析

5.2.1.1　博弈模型假定及描述

依据《煤矿安全监察条例》、《关于完善煤矿安全监察体制的意见》(国办发〔2004〕79 号)以及《关于进一步加强煤矿安全生产工作的意见》(国办发〔2013〕99 号)中有关国家煤矿安全监察局对煤矿企业的监察职责,对国家煤矿安全监察机构之间在有限理性下的长期动态监察行为博弈过程进行分析。

假设博弈方是若干无差别国家煤矿安全监察机构所组成的单一群体,国家煤矿安全监察机构的策略是认真执行监察职能和不认真执行监察职能,认真执行监察职能的比率为 $\alpha(0 \leqslant \alpha \leqslant 1)$,比率 α 的高低代表着监察力度的强弱,$\alpha = 0$ 或 1 意味着国家煤矿安全监察机构对煤矿企业不监察或实时监察,而实时地对煤矿企业进行全面监察的成本是很高的。在“国家监察-地方监管-企业负责”的煤矿安全监察监管系统下,假定国家煤矿安全监察机构与煤矿企业之间不存在贿赂现象,地方煤矿安全监管机构与煤矿企业之间存在贿赂现象。由于在煤矿企业的安全生产状况信息方面,地方政府往往比中央政府具有更多的信息,且地方政府能从煤矿经营中获得较大利益,因此,代表中央政府利益的国家煤矿安全监察机构对煤矿企业进行监察需支付成本 a。如果国家煤矿安全监察机构都认真执行监察职能,则煤矿企业就不会存在违法生产行为;如果存在部分国家煤矿安全监察机构不认真监察时,则煤矿企业会存在违法生产行为,其违法生产的概率为 $1 - \beta(0 \leqslant \beta \leqslant 1)$,此时如果国家煤矿安全监察机构监察疏忽,则煤矿企业发生事故概率会上升,导致其将承担后期的期望损失成本 b,而认真监察的国家煤矿安全监察机构会对煤矿企业的违法行为进行处罚 c。由以上基本假定及描述可得到国家煤矿安全监察机构之间监察行为的博弈收益矩阵,如表 5-1 所列。

表 5-1　　　　国家煤矿安全监察机构监察行为演化博弈收益矩阵

	认真监察	不认真监察
认真监察	$-a;-a$	$-a+c(1-\beta);-b$
不认真监察	$-b;-a+c(1-\beta)$	$-b;-b$

5.2.1.2　博弈模型适应度分析

由表 5-1 得国家煤矿安全监察机构对煤矿企业认真执行监察职能时和不认真执行监察职能时的适应度分别为：

$$U_a = \alpha(-a) + (1-\alpha)[-a+c(1-\beta)]$$
$$= -\alpha c(1-\beta) - a + c(1-\beta) \tag{5-1}$$

$$U_{1-a} = -\alpha b + (1-\alpha)(-b) = -b \tag{5-2}$$

根据上述计算，国家煤矿安全监察机构的平均适应度为：

$$\bar{U} = \alpha U_a + (1-\alpha)U_{1-a} \tag{5-3}$$

假定时间是连续的且国家煤矿安全监察机构会倾向于学习和模仿相对有较高回报的博弈策略行为；在给定当前行为分布中一个策略具有越多的回报，其受到的学习和模仿就越多。

令国家煤矿安全监察机构采取认真监察策略时的概率变化率为 $\dfrac{\mathrm{d}\alpha}{\mathrm{d}t}$，则：

$$\frac{\mathrm{d}\alpha}{\mathrm{d}t} = \alpha(U_a - \bar{U}) = \alpha(1-\alpha)(U_a - U_{1-a}) \tag{5-4}$$

令 $F(\alpha) = \dfrac{\mathrm{d}\alpha}{\mathrm{d}t}$，将式（5-1）、式（5-2）和式（5-3）代入式（5-4），可得国家煤矿安全监察机构群体的复制动态方程如下：

$$F(\alpha) = \frac{\mathrm{d}\alpha}{\mathrm{d}t} = \alpha(1-\alpha)(U_a - U_{1-a})$$
$$= \alpha(1-\alpha)[-\alpha c(1-\beta) - a + b + c(1-\beta)] \tag{5-5}$$

复制动态方程反映了国家煤矿安全监察机构群体学习的速度和方向，当其为零时，则表明学习的速度为零，此时该博弈已达到一种相对稳定的均衡状态。

令 $F(\alpha)=0$，可得复制动态方程存在 3 个均衡点——$\alpha_1^* = 0$，$\alpha_2^* = 1$ 和 α_3^*，其中：

$$\alpha_3^* = \frac{-a+b+c(1-\beta)}{c(1-\beta)} \tag{5-6}$$

由式（5-6）可知：该公式分母明显大于零，分子是关于只有部分国家煤矿安全监察机构认真执行监察职能时的收益与都不执行监察职能时的收益的比较。

由 $0 < \alpha_3^* < 1$ 可得：

$$b < a < b + c(1-\beta)$$

对上述复制动态方程求导可得：

$$\frac{\partial F}{\partial \alpha} = 3\alpha^2 c(1-\beta) - 2\alpha[-a+b+2c(1-\beta)] - a + b + c(1-\beta) \tag{5-7}$$

由式（5-7）可以判断复制动态方程在各个均衡点的稳定情况。判别的标准是:如果在均衡点处的导数大于零,则方程在该点是不稳定的;相反,如果在均衡点处的导数小于零,则方程在该点是稳定的。

5.2.1.3　博弈模型稳定均衡点分析

(1) 当 $a<b$ 时,即 α_3^* 不满足 $0<\alpha_3^*<1$,复制动态方程式(5-5)有两个均衡点,即 $\alpha_1^*=0$ 和 $\alpha_2^*=1$。

由式(5-7)可知,当 $\alpha_1^*=0$ 时:

$$\frac{\partial F}{\partial \alpha}=-a+b+c(1-\beta)>0$$

因此,方程在 $\alpha_1^*=0$ 是不稳定的。

当 $\alpha_2^*=1$ 时:

$$\frac{\partial F}{\partial \alpha}=a-b<0$$

因此,方程在 $\alpha_2^*=1$ 是稳定的。

综上,当 $a<b$ 时,$\alpha_2^*=1$ 是复制动态方程的稳定均衡点。这说明当国家煤矿安全监察机构对煤矿企业的监察成本小于其不认真执行监察职能而给其造成的期望损失时,国家煤矿安全监察机构开始以随机的概率进行策略选择,但最终会通过动态演化博弈而演化到稳定均衡点 $\alpha_2^*=1$,即国家煤矿安全监察机构将逐渐向认真执行监察职能的方向演化。

(2) 当 $a>b+c(1-\beta)$ 时,即 α_3^* 不满足 $0<\alpha_3^*<1$,复制动态方程式(5-5)有两个均衡点,即 $\alpha_1^*=0$ 和 $\alpha_2^*=1$。

由式(5-7)可知,当 $\alpha_1^*=0$ 时:

$$\frac{\partial F}{\partial \alpha}=-a+b+c(1-\beta)<0$$

因此,方程在 $\alpha_1^*=0$ 是稳定的。

当 $\alpha_2^*=1$ 时:

$$\frac{\partial F}{\partial \alpha}=a-b>0$$

因此,方程在 $\alpha_2^*=1$ 是不稳定的。

综上,当 $a>b+c(1-\beta)$ 时,即 $-a+c(1-\beta)<-b$ 时,$\alpha_1^*=0$ 是复制动态方程的稳定均衡点。这说明当只有部分国家煤矿安全监察机构认真执行监察职能时的收益小于都不执行监察职能的收益时,即国家煤矿安全监察机构的监察成本大于其不认真执行监察职能而给其造成的期望损失与对违法煤矿企业的期望处罚之和时,国家煤矿安全监察机构开始以随机的概率进行策略选择,但最终会通过动态演化博弈而演化到稳定均衡点 $\alpha_1^*=0$,即国家煤矿安全监察机构将向不认真执行监察职能的方向演化。

（3）当 $b<a<b+c(1-\beta)$ 时,复制动态方程式（5-5）有三个均衡点,即 $\alpha_1^*=0$, $\alpha_2^*=1$ 和 α_3^*,其中:

$$\alpha_3^*=\frac{-a+b+c(1-\beta)}{c(1-\beta)}$$

由式（5-7）可知,当 $\alpha_1^*=0$ 时:

$$\frac{\partial F}{\partial \alpha}=-a+b+c(1-\beta)>0$$

因此,方程在 $\alpha_1^*=0$ 是不稳定的。

当 $\alpha_2^*=1$ 时:

$$\frac{\partial F}{\partial \alpha}=a-b>0$$

因此,方程在 $\alpha_2^*=1$ 是不稳定的。

当均衡点为 α_3^* 时,有 $\frac{\partial F}{\partial \alpha}<0$,因此,方程在 α_3^* 是稳定的。

综上,当 $b<a<b+c(1-\beta)$ 时,α_3^* 是复制动态方程的稳定均衡点。这说明当国家煤矿安全监察机构的监察成本大于都不执行监察职能的期望损失,但小于都不执行监察职能的期望损失与对违法煤矿企业的期望处罚之和时,国家煤矿安全监察机构开始以随机的概率进行策略选择,但最终会通过动态演化博弈而演化到稳定均衡点 α_3^*,同时将有 $1-\alpha_3^*$ 的国家煤矿安全监察机构选择不认真执行监察职能。

现对该情境下博弈模型稳定均衡点进行敏感性分析,求各参数变化对博弈模型稳定均衡点的影响,对式（5-6）分别用 a、b 和 c 求导得:

$$\frac{\partial \alpha_3^*}{\partial a}=\frac{-1}{c(1-\beta)}<0$$

$$\frac{\partial \alpha_3^*}{\partial b}=\frac{1}{c(1-\beta)}>0$$

$$\frac{\partial \alpha_3^*}{\partial c}=\frac{a-b}{[c(1-\beta)]^2}>0$$

由以上三个公式可知,国家煤矿安全监察机构对煤矿企业认真监察的成本越高越不利于国家煤矿安全监察机构选择认真执行监察职能;相反,国家煤矿安全监察机构不认真执行监察职能造成的期望损失越大或对违法煤矿企业的处罚力度越大将有助于其选择认真执行监察职能。

5.2.1.4　结论

通过对国家煤矿安全监察机构监察行为的演化博弈进行分析,发现:

（1）当国家煤矿安全监察机构对煤矿企业的监察成本小于其不认真执行监察职能而给其造成的期望损失时,国家煤矿安全监察机构将向认真执行监察职能的方向演化。

（2）当国家煤矿安全监察机构的监察成本大于其不认真执行监察职能造成的期望损失与对违法煤矿企业的期望处罚之和时，国家煤矿安全监察机构将向不认真执行监察职能的方向演化。

（3）当国家煤矿安全监察机构的监察成本大于其不执行监察职能的期望损失，但小于其不执行监察职能的期望损失与对违法煤矿企业的期望处罚之和时，国家煤矿安全监察机构会向某一稳定均衡点演化；同时，经对此稳定均衡点敏感性进行分析，发现其大小随着监察成本的上升而变小，随国家煤矿安全监察机构期望损失的上升或对煤矿企业的处罚力度的加大而变大。

5.2.2　煤矿企业安全生产行为演化博弈分析

5.2.2.1　博弈模型假定及描述

假设博弈方是由若干无差别煤矿企业所组成的单一群体，煤矿企业的策略是选择是否按照国家相关的法律、法规和安全标准等进行安全投入，选择进行安全投入的比率为 $\beta(0 \leqslant \beta \leqslant 1)$，煤矿企业是有限理性的，它们之间是两两配对博弈。煤矿企业正常生产所获得的收益为 g，而采取违法操作行为时，将节约安全投入成本 h，获得违规操作收益，同时将导致煤矿事故发生概率上升，其将承担后期包括事故赔偿和贿赂地方煤矿安全监管机构的成本在内的期望损失 i，同时还可能受到国家煤矿安全监察机构和地方煤矿安全监管机构的处罚 c，受处罚的概率为 $\alpha(0 \leqslant \alpha \leqslant 1)$，而如果煤矿企业都不认真执行安全投入，则肯定会受到处罚。由以上基本假定及描述可得到煤矿企业安全生产行为的演化博弈收益矩阵，如表 5-2 所列。

表 5-2　　　　　　　　煤矿企业安全生产行为演化博弈收益矩阵

	认真执行安全投入	不认真执行安全投入
认真执行安全投入	$g; g$	$g; g+h-c\alpha-i$
不认真执行安全投入	$g+h-c\alpha-i; g$	$g+h-c-i; g+h-c-i$

5.2.2.2　博弈模型适应度分析

由表 5-2 可得，煤矿企业按照国家相关的法律、法规和安全标准等进行安全投入和不按照国家相关的法律、法规和安全标准等进行安全投入时的适应度分别为：

$$U_\beta = \beta g + (1-\beta)g = g \tag{5-8}$$

$$U_{1-\beta} = \beta(g+h-c\alpha-i) + (1-\beta)(g+h-c-i)$$
$$= c\beta(1-\alpha) + g + h - i - c \tag{5-9}$$

根据上述计算,煤矿企业是否按照国家相关的法律、法规和安全标准等进行安全投入的平均适应度为:

$$\overline{U}=\beta U_\beta+(1-\beta)U_{1-\beta} \tag{5-10}$$

假定时间是连续的且煤矿企业会倾向于学习和模仿相对有较高回报的博弈策略行为;在给定当前行为分布中一个策略具有越多的回报,其受到的学习和模仿就越多。

令煤矿企业按照国家相关的法律、法规和安全标准等进行安全投入时的概率变化率为$\dfrac{d\beta}{dt}$,则:

$$\frac{d\beta}{dt}=\beta(U_\beta-\overline{U})=\beta(1-\beta)(U_\beta-U_{1-\beta}) \tag{5-11}$$

令$G(\beta)=\dfrac{d\beta}{dt}$,将式(5-8)、式(5-9)和式(5-10)代入式(5-11),可得煤矿企业群体的复制动态方程如下:

$$\begin{aligned}G(\beta)=\frac{d\beta}{dt}&=\beta(1-\beta)(U_\beta-U_{1-\beta})\\&=\beta(1-\beta)[-c\beta(1-\alpha)-h+i+c]\end{aligned} \tag{5-12}$$

令$G(\beta)=0$,可得复制动态方程存在3个均衡点——$\beta_1^*=0$,$\beta_2^*=1$和β_3^*,其中

$$\beta_3^*=\frac{-h+i+c}{c(1-\alpha)} \tag{5-13}$$

由式(5-13)可知:该公式分母明显大于零,分子是关于只有部分煤矿企业按照国家相关的法律、法规和安全标准等进行安全投入时,不按照国家相关的法律、法规和安全标准等进行安全投入而节约的安全投入成本与总期望损失的比较。

由$0<\beta_3^*<1$可得:

$$i+c\alpha<h<i+c$$

对上述复制动态方程求导可得:

$$\frac{\partial G}{\partial \beta}=3\beta^2c(1-\alpha)-2\beta[-h+i+c+c(1-\alpha)]-h+i+c \tag{5-14}$$

由式(5-14)可以判断复制动态方程在各个均衡点的稳定情况。判别的标准是:如果在均衡点处的导数大于零,则方程在该点是不稳定的;相反,如果在均衡点处的导数小于零,则方程在该点是稳定的。

5.2.2.3 博弈模型稳定均衡点分析

(1)当$h>i+c$时,即β_3^*不满足$0<\beta_3^*<1$,复制动态方程式(5-12)有两个均衡点,即$\beta_1^*=0$和$\beta_2^*=1$。

由式(5-14)可知,当 $\beta_1^* = 0$ 时:

$$\frac{\partial G}{\partial \beta} = -h + i + c < 0$$

因此,方程在 $\beta_1^* = 0$ 是稳定的。

当 $\beta_2^* = 1$ 时:

$$\frac{\partial G}{\partial \beta} = -c\alpha + h - i > 0$$

因此,方程在 $\beta_2^* = 1$ 是不稳定的。

综上,当 $h > i + c$ 时, $\beta_1^* = 0$ 是复制动态方程的稳定均衡点。这说明当煤矿企业按照国家相关的法律、法规和安全标准等进行安全投入的成本高于不按照国家相关的法律、法规和安全标准等进行安全投入而带来的期望损失与受到期望处罚之和时,煤矿企业开始以随机的概率决定是否进行安全投入,但最终会通过动态演化博弈而演化到稳定均衡点 $\beta_1^* = 0$,即向不按照国家相关的法律、法规和安全标准等进行安全投入的方向演化。

(2) 当 $h < i + c\alpha$ 时,即 β_3^* 不满足 $0 < \beta_3^* < 1$,复制动态方程式(5-12)有两个均衡点,即 $\beta_1^* = 0$ 和 $\beta_2^* = 1$。

由式(5-14)可知,当 $\beta_1^* = 0$ 时:

$$\frac{\partial G}{\partial \beta} = -h + i + c > 0$$

因此,方程在 $\beta_1^* = 0$ 是不稳定的;

当 $\beta_2^* = 1$ 时:

$$\frac{\partial G}{\partial \beta} = -c\alpha + h - i < 0$$

因此,方程在 $\beta_2^* = 1$ 是稳定的。

综上,当 $h < i + c\alpha$ 时, $\beta_2^* = 1$ 是复制动态方程的稳定均衡点。这说明当煤矿企业按照国家相关的法律、法规和安全标准等进行安全投入的成本低于不按照国家相关的法律、法规和安全标准等进行安全投入而带来的期望损失与受到期望处罚之和时,煤矿企业开始以随机的概率进行策略选择,但最终会通过动态演化博弈而演化到稳定均衡点 $\beta_2^* = 1$,即向按照国家相关的法律、法规和安全标准等进行安全投入的方向演化。

(3) 当 $i + c\alpha < h < i + c$ 时,复制动态方程式(5-12)有三个均衡点——$\beta_1^* = 0$, $\beta_2^* = 1$ 和 β_3^*,其中:

$$\beta_3^* = \frac{-h + i + c}{c(1-\alpha)}$$

由式(5-14)可知,当 $\beta_1^* = 0$ 时:

$$\frac{\partial G}{\partial \beta} = -h + i + c > 0$$

因此，方程在 $\beta_1^* = 0$ 是不稳定的。

当 $\beta_2^* = 1$ 时：

$$\frac{\partial G}{\partial \beta} = -c\alpha + h - i > 0$$

因此，方程在 $\beta_2^* = 1$ 是不稳定的。

当均衡点为 β_3^* 时，有 $\frac{\partial G}{\partial \beta} < 0$，因此，方程在 β_3^* 是稳定的。

综上，当 $i + c\alpha < h < i + c$ 时，β_3^* 是复制动态方程的稳定均衡点。这说明当煤矿企业按照国家相关的法律、法规和安全标准等进行安全投入的成本，高于不按照国家相关的法律、法规和安全标准等进行安全投入而带来的期望损失与受到的期望处罚之和，同时低于不按照国家相关的法律、法规和安全标准等进行安全投资而带来的期望损失与受到的期望处罚之和时，煤矿企业开始以随机的概率进行策略选择，但最终会通过动态演化博弈而演化到稳定均衡点 β_3^*，同时将有 $1 - \beta_3^*$ 的煤矿企业选择不按照国家相关的法律、法规和安全标准等进行安全投入。

现对该情境下的博弈模型稳定均衡点进行敏感性分析，求各参数变化对博弈模型稳定均衡点的影响，对式(5-13)分别用 i、h 和 c 求导得：

$$\frac{\partial \beta_3^*}{\partial i} = \frac{1}{c(1-\alpha)} > 0$$

$$\frac{\partial \beta_3^*}{\partial h} = \frac{-1}{c(1-\alpha)} < 0$$

$$\frac{\partial \beta_3^*}{\partial c} = \frac{h-i}{c^2(1-\alpha)} > 0$$

由以上三个公式可知，煤矿企业按照国家相关的法律、法规和安全标准等进行安全投入的成本越高越不利于煤矿企业向选择安全投入的方向演化；相反，煤矿企业不按照国家相关的法律、法规和安全标准等进行安全投入带来的期望损失越大或者受到的处罚力度越大，将越有利于促进煤矿企业向选择安全投入的方向演化。

5.2.2.4　结论

通过对煤矿企业安全生产行为的演化博弈进行分析发现：

(1) 当煤矿企业按照国家相关的法律、法规和安全标准等进行安全投入的成本高于不按照国家相关的法律、法规和安全标准等进行安全投入而带来的期望损失与受到期望处罚之和时，煤矿企业将向不按照国家相关的法律、法规和安全标准等进行安全投入的方向演化。

（2）当煤矿企业按照国家相关的法律、法规和安全标准等进行安全投入的成本低于不按照国家相关的法律、法规和安全标准等进行安全投入而带来的期望损失与受到期望处罚之和时，煤矿企业将向按照国家相关的法律、法规和安全标准等进行安全投入的方向演化。

（3）当煤矿企业按照国家相关的法律、法规和安全标准等进行安全投入的成本，高于不按照国家相关的法律、法规和安全标准等进行安全投入而带来的期望损失与受到的期望处罚之和，且低于不按照国家相关的法律、法规和安全标准等进行安全投入而带来的期望损失与受到的期望处罚之和时，煤矿企业会向某一稳定均衡点演化；同时，对此稳定均衡点敏感性分析发现，其大小随着安全投入成本的上升而变小，随着不按照国家相关的法律、法规和安全标准等进行安全投入带来的期望损失的上升或受处罚力度的加大而变大。

5.2.3　地方煤矿安全监管机构监管行为演化博弈分析

5.2.3.1　博弈模型假定及描述

依据《煤矿安全监察条例》、《关于完善煤矿安全监察体制的意见》（国办发〔2004〕79 号）以及《关于进一步加强煤矿安全生产工作的意见》（国办发〔2013〕99 号）中有关地方煤矿安全监管机构对煤矿企业的监管职责，对地方煤矿安全监管机构之间在有限理性下的长期动态博弈过程进行分析。

假设博弈方是若干无差别地方煤矿安全监管机构所组成的单一群体，地方煤矿安全监管机构的策略是是否认真对其属地煤矿企业进行日常安全监管工作，认真执行监管职能的比率为 $\gamma(0 \leqslant \gamma \leqslant 1)$；比率 γ 的高低代表着监管力度的强弱，$\gamma = 1$ 意味着地方煤矿安全监管机构都严格履行自己的监管职责，$\gamma = 0$ 则说明其忽视职责，不进行监管，甚至利用自己的权利进行寻租。由于在煤矿企业的安全生产状况信息方面，地方政府往往比中央政府具有更多的信息，因此，相比国家煤矿安全监察机构对煤矿企业进行监察成本 a，地方煤矿安全监管机构对其属地煤矿企业进行日常安全监管工作监管成本假设为 0。如果地方煤矿安全监管机构都认真履行对其属地煤矿企业进行日常安全监管职能，就不会存在煤矿企业违法生产；如果存在部分地方煤矿安全监管机构忽视职责而进行寻租时，则煤矿企业会存在违法生产行为，其违法生产的比率为 $1-\beta(0 \leqslant \beta \leqslant 1)$，此时煤矿企业发生事故的概率会上升导致其将承担后期的期望损失成本 l（包含受到的惩罚），同时将获得来自违规生产煤矿企业的贿赂 m；地方煤矿安全监管机构履行自己的监管职责获得对违法煤矿企业处罚的收益为 k。由以上基本假定及描述可得到地方煤矿安全监管机构之间监察行为的博弈矩阵，如表 5-3 所列。

表 5-3　　　　地方煤矿安全监管机构监管行为演化博弈收益矩阵

	认真监管	不认真监管
认真监管	$0;0$	$k(1-\beta);-l+m(1-\beta)$
不认真监管	$-l+m(1-\beta);k(1-\beta)$	$-l+m;-l+m$

5.2.3.2　博弈模型适应度分析

由表 5-3 得地方煤矿安全监管机构对煤矿企业进行日常安全监管工作认真执行监管职能时和不认真执行监管职能时的适应度分别为:

$$U_\gamma=\gamma\times0+(1-\gamma)k(1-\beta)=(1-\gamma)k(1-\beta) \tag{5-15}$$

$$U_{1-\gamma}=\gamma[-l+m(1-\beta)]+(1-\gamma)(-l+m)$$
$$=-l+m-\gamma m\beta \tag{5-16}$$

根据上述计算,地方煤矿安全监管机构的平均适应度为:

$$\bar{U}=\gamma U_\gamma+(1-\gamma)U_{1-\gamma} \tag{5-17}$$

假定时间是连续的且地方煤矿安全监管机构会倾向于学习和模仿相对有较高回报的博弈策略行为。

令地方煤矿安全监管机构采取认真监管策略时的概率变化率为 $\dfrac{\mathrm{d}\gamma}{\mathrm{d}t}$,则:

$$\frac{\mathrm{d}\gamma}{\mathrm{d}t}=\gamma(U_\gamma-\bar{U})=\gamma(1-\gamma)(U_\gamma-U_{1-\gamma}) \tag{5-18}$$

令 $H(\gamma)=\dfrac{\mathrm{d}\gamma}{\mathrm{d}t}$,将式(5-15)和式(5-16)代入式(5-18),可得地方煤矿安全监管机构群体的复制动态方程如下:

$$H(\gamma)=\frac{\mathrm{d}\gamma}{\mathrm{d}t}=\gamma(1-\gamma)(U_\gamma-U_{1-\gamma})$$
$$=\gamma(1-\gamma)\{k(1-\beta)+l-m-\gamma[k(1-\beta)+m\beta]\} \tag{5-19}$$

令 $H(\gamma)=0$,可得复制动态方程存在 3 个均衡点——$\gamma_1^*=0,\gamma_2^*=1$ 和 γ_3^*,其中:

$$\gamma_3^*=\frac{k(1-\beta)+l-m}{k(1-\beta)+m\beta} \tag{5-20}$$

由式(5-20)可知:该公式分母明显大于零,分子是关于只有部分地方煤矿安全监管机构认真执行监管职能时的收益与都不执行监管职能时的收益的比较。

由 $0<\gamma_3^*<1$ 可得:

$$\frac{l}{1+\beta}<m<k(1-\beta)+l$$

对上述复制动态方程求导可得:

$$\frac{\partial H}{\partial \gamma} = 3\gamma^2 \big[k(1-\beta) + m\beta \big] - 2\gamma \big[2k(1-\beta) + m\beta + l - m \big] + k(1-\beta) + l - m$$

$$(5\text{-}21)$$

由式(5-21)可以判断复制动态方程在各个均衡点的稳定情况。判别的标准是:如果在均衡点处的导数大于零,则方程在该点是不稳定的;相反,如果在均衡点处的导数小于零,则方程在该点是稳定的。

5.2.3.3　博弈模型稳定均衡点分析

(1) 当 $m < \dfrac{l}{1+\beta}$ 时,即 γ_3^* 不满足 $0 < \gamma_3^* < 1$,复制动态方程式(5-19)有两个均衡点,即 $\gamma_1^* = 0$ 和 $\gamma_2^* = 1$。

由式(5-21)可知,当 $\gamma_1^* = 0$ 时:

$$\frac{\partial H}{\partial \gamma} = k(1-\beta) + l - m > 0$$

因此,方程在 $\gamma_1^* = 0$ 是不稳定的。

当 $\gamma_2^* = 1$ 时:

$$\frac{\partial H}{\partial \gamma} = \beta m - l + m < 0$$

因此,方程在 $\gamma_2^* = 1$ 是稳定的。

综上,当 $m < \dfrac{l}{1+\beta}$ 时,$\gamma_2^* = 1$ 是复制动态方程的稳定均衡点。

这说明当地方煤矿安全监管机构获得的来自煤矿企业的贿赂小于不履行监管职能带来的期望损失除以监管概率加上 1 的值时,地方煤矿安全监管机构开始以随机的概率进行策略选择,但最终会通过动态演化博弈而演化到稳定均衡点 $\gamma_2^* = 1$,即向认真履行监管职能的方向演化。

(2) 当 $m > k(1-\beta) + l$ 时,即 γ_3^* 不满足 $0 < \gamma_3^* < 1$,复制动态方程式(5-19)有两个均衡点,即 $\gamma_1^* = 0$ 和 $\gamma_2^* = 1$。

由式(5-21)可知,当 $\gamma_1^* = 0$ 时:

$$\frac{\partial H}{\partial \gamma} = k(1-\beta) + l - m < 0$$

因此,方程在 $\gamma_1^* = 0$ 是稳定的。

当 $\gamma_2^* = 1$ 时:

$$\frac{\partial H}{\partial \gamma} = \beta m - l + m > 0$$

因此,方程在 $\gamma_2^* = 1$ 是不稳定的。

综上,当 $m > k(1-\beta) + l$ 时,$\gamma_1^* = 0$ 是复制动态方程的稳定均衡点。

这说明当地方煤矿安全监管机构获得的来自煤矿企业的贿赂高于对违法煤

矿企业的期望处罚与不履行监管职能带来的期望损失之和时,地方煤矿安全监管机构开始以随机的概率进行策略选择,但最终会通过动态演化博弈而演化到稳定均衡点 $\gamma_1^* = 0$,即向不认真履行监管职能而接受贿赂的方向演化。

(3) 当 $\dfrac{l}{1+\beta} < m < k(1-\beta) + l$ 时,复制动态方程式(5-19)有三个均衡点,即 $\gamma_1^* = 0$,$\gamma_2^* = 1$ 和 γ_3^*,其中:

$$\gamma_3^* = \frac{k(1-\beta) + l - m}{k(1-\beta) + m\beta}$$

由式(5-21)可知,当 $\gamma_1^* = 0$ 时:

$$\frac{\partial H}{\partial \gamma} = k(1-\beta) + l - m > 0$$

因此,方程在 $\gamma_1^* = 0$ 是不稳定的。

当 $\gamma_2^* = 1$ 时:

$$\frac{\partial H}{\partial \gamma} = \beta m - l + m > 0$$

因此,方程在 $\gamma_2^* = 1$ 是不稳定的。

当均衡点为 γ_3^* 时,有 $\dfrac{\partial H}{\partial \gamma} < 0$,因此,方程在均衡点 γ_3^* 是稳定的。

综上,当 $\dfrac{l}{1+\beta} < m < k(1-\beta) + l$ 时,γ_3^* 是复制动态方程的稳定均衡点。

这说明当地方煤矿安全监管机构获得的来自煤矿企业的贿赂高于不履行监管职能带来的期望损失除以监管概率加上 1 的值,同时小于对违法煤矿企业的期望处罚与不履行监管职能带来的期望损失之和时,地方煤矿安全监管机构开始以随机的概率进行策略选择,但最终会通过动态演化博弈而演化到稳定均衡点 γ_3^*,同时将有 $1 - \gamma_3^*$ 的地方煤矿安全监管机构选择不认真履行监管职能而接受贿赂。

现对该情景下的博弈模型稳定均衡点进行敏感性分析,求各参数变化对博弈模型稳定均衡点的影响,对式(5-20)分别用 k、l 和 m 求导得:

$$\frac{\partial \gamma_3^*}{\partial k} = \frac{(1-\beta)(m\beta - l + m)}{[k(1-\beta) + m\beta]^2} > 0$$

$$\frac{\partial \gamma_3^*}{\partial l} = \frac{1}{k(1-\beta) + m\beta} > 0$$

$$\frac{\partial \alpha_3^*}{\partial m} = \frac{-[k(1-\beta) + m\beta] - \beta[k(1-\beta) + l - m]}{[k(1-\beta) + m\beta]^2} < 0$$

由以上三个公式可知,地方煤矿安全监管机构获得的来自煤矿企业的贿赂越高越不利于其认真地对其属地煤矿企业进行日常安全监管;相反,地方煤矿安全监管机构因认真履行监管职能而获得对煤矿企业的处罚越多或者因不履行监管职能而带来的损失越大会越有利于其认真履行监管职能。

5.2.3.4　结论

通过对地方煤矿安全监管机构监管行为的演化博弈进行分析可发现：

（1）当地方煤矿安全监管机构获得的来自煤矿企业的贿赂小于不履行监管职能带来的期望损失除以监管概率加上 1 的值时，其将向认真履行监管职能的方向演化。

（2）当地方煤矿安全监管机构获得的来自煤矿企业的贿赂高于对违法煤矿企业的期望处罚与不履行监管职能带来的期望损失之和时，其将向不认真履行监管职能而接受贿赂的方向演化。

（3）当地方煤矿安全监管机构获得的来自煤矿企业的贿赂高于不履行监管职能带来的期望损失除以监管概率加上 1 的值时，同时小于对违法煤矿企业的期望处罚与不履行监管职能带来的期望损失之和时，其将会向某一稳定均衡点演化；同时，经对此稳定均衡点敏感性进行分析可发现，其大小随着来自煤矿企业贿赂金额的上升而变小，随着对煤矿企业处罚力度的加大或不履行监管职能带来的期望损失的增加而变大。

5.3　煤矿安全监察监管两种群演化博弈模型分析

煤矿安全监察监管的两种群演化博弈包括国家煤矿安全监察机构与地方煤矿安全监管机构之间的演化博弈、国家煤矿安全监察机构和煤矿企业之间的演化博弈、地方煤矿安全监管机构与煤矿企业之间的演化博弈，本节将在现有研究的基础上对以上 3 对两种群演化博弈在有限理性下的长期动态博弈过程进行分析。

5.3.1　国家煤矿安全监察机构与煤矿企业间演化博弈分析

5.3.1.1　博弈模型假定及描述

依据《煤矿安全监察条例》、《关于完善煤矿安全监察体制的意见》（国办发〔2004〕79 号）以及《关于进一步加强煤矿安全生产工作的意见》（国办发〔2013〕99 号）中有关国家煤矿安全监察机构对煤矿企业的监察职责，对国家煤矿安全监察机构与煤矿企业之间在有限理性下的长期动态博弈过程进行分析。

在"国家监察-地方监管-企业负责"的煤矿安全监察监管工作格局下，假定国家煤矿安全监察机构与煤矿企业之间不存在贿赂的现象（地方煤矿安全监管机构与煤矿企业之间存在贿赂的现象），他们之间的信息为不完全信息；国家煤矿安全监察机构执法能力足够强,不存在违规煤矿企业逃避处罚的情况,一旦监察违规企业就能监察出其违规程度。假定国家煤矿安全监察机构群体在煤矿安全监察过程中以比率 $\alpha(0 \leqslant \alpha \leqslant 1)$ 对煤矿企业是否按照国家相关的法律、法规和安全标准等进行安全投入的状况进行监察,监察比率 α 的高低代表着监察力度的强弱;$\alpha = 0$ 或 1 意味着国家煤矿安全监察机构对煤矿企业不监察或实时监察,实时地对煤矿企业进行全面监察的成本是很高的,因此,监察次数的有限性是一种常态。由于在煤矿企业的安全生产状况信息方面,地方政府往往比中央政府具有更多的信息,且地方政府能从煤矿经营中获得较大利益,因此,代表中央政府利益的国家煤矿安全监察机构对煤矿企业进行监察需支付成本 a。如果国家煤矿安全监察机构监察疏忽,则煤矿企业发生事故的概率上升,导致其将承担后期的期望损失成本 b;如果国家煤矿安全监察机构在对煤矿企业的安全生产状况进行监察的过程中,发现其存在违法行为将对其进行处罚 c。

假定煤矿企业群体以比率 $\beta(0 \leqslant \beta \leqslant 1)$ 选择按照国家相关的法律、法规和安全标准等进行安全投入,$1-\beta$ 值的高低代表煤矿企业违规行为的严重程度。煤矿企业正常生产所获得的收益为 g,而采取不按照国家相关的法律、法规和安全标准等进行安全投入时,将节约安全投入成本 h,获得这部分违规操作收益,同时将导致煤矿事故发生的概率上升,其将承担后期的期望损失 i。由以上基本假定及描述可得到国家煤矿安全监察机构与煤矿企业之间的博弈收益矩阵,如表 5-4 所列。

表 5-4　　　　国家煤矿安全监察机构与煤矿企业间的博弈收益矩阵

国家煤矿安全监察机构		认真监察	不认真监察
煤矿企业	认真执行安全投入	$g; -a$	$g; 0$
	不认真执行安全投入	$g+h-i-c; -a+c$	$g+h-i; -b$

5.3.1.2　博弈模型适应度分析

由以上假定国家煤矿安全监察机构选择认真履行监察策略的比率为 α,选择不认真履行监察策略的比率为 $1-\alpha(0 \leqslant \alpha \leqslant 1)$;煤矿企业按照国家相关的法律、法规和安全标准等进行安全投入的比率为 β,不进行安全投入的比率为 $1-\beta(0 \leqslant \beta \leqslant 1)$。则国家煤矿安全监察机构对煤矿企业认真履行监察职能时和不认真履行监察职能时的适应度分别为:

$$U_a = \beta(-a) + (1-\beta)(-a+c) = -\beta c - a + c \tag{5-22}$$

$$U_{1-a} = \beta \times 0 + (1-\beta)(-b) = -b + \beta b \tag{5-23}$$

根据上述计算,国家煤矿安全监察机构的平均适应度为:

$$\overline{U}=\alpha U_{\alpha}+(1-\alpha)U_{1-\alpha} \tag{5-24}$$

假定时间是连续的且国家煤矿安全监察机构会倾向于学习和模仿相对有较高回报的博弈策略行为。

令国家煤矿安全监察机构采取认真监察策略时的概率变化率为 $\dfrac{\mathrm{d}\alpha}{\mathrm{d}t}$，则：

$$\frac{\mathrm{d}\alpha}{\mathrm{d}t}=\alpha(U_{\alpha}-\overline{U})=\alpha(1-\alpha)(U_{\alpha}-U_{1-\alpha}) \tag{5-25}$$

将式(5-22)、式(5-23)和式(5-24)代入式(5-25)，可得国家煤矿安全监察机构群体的复制动态方程如下：

$$\begin{aligned}\frac{\mathrm{d}\alpha}{\mathrm{d}t}&=\alpha(1-\alpha)(U_{\alpha}-U_{1-\alpha})\\&=\alpha(1-\alpha)[-\beta(b+c)-a+b+c]\end{aligned} \tag{5-26}$$

同理，煤矿企业按照国家相关的法律、法规和安全标准等进行安全投入和不进行安全投入的适应度分别为：

$$U_{\beta}=\alpha g+(1-\alpha)g=g \tag{5-27}$$

$$\begin{aligned}U_{1-\beta}&=\alpha(g+h-c-i)+(1-\alpha)(g+h-i)\\&=-c\alpha+g+h-i\end{aligned} \tag{5-28}$$

根据上述计算，煤矿企业是否按照国家相关的法律、法规和安全标准等进行安全投入的平均适应度为：

$$\overline{U}=\beta U_{\beta}+(1-\beta)U_{1-\beta} \tag{5-29}$$

令煤矿企业按照国家相关的法律、法规和安全标准等进行安全投入时的概率变化率为 $\dfrac{\mathrm{d}\beta}{\mathrm{d}t}$，则：

$$\frac{\mathrm{d}\beta}{\mathrm{d}t}=\beta(U_{\beta}-\overline{U})=\beta(1-\beta)(U_{\beta}-U_{1-\beta}) \tag{5-30}$$

将式(5-27)、式(5-28)和式(5-29)代入式(5-30)，可得煤矿企业群体的复制动态方程如下：

$$\begin{aligned}\frac{\mathrm{d}\beta}{\mathrm{d}t}&=\beta(1-\beta)(U_{\beta}-U_{1-\beta})\\&=\beta(1-\beta)(c\alpha-h+i)\end{aligned} \tag{5-31}$$

令 $F(\alpha,\beta)=\dfrac{\mathrm{d}\alpha}{\mathrm{d}t}$，$G(\alpha,\beta)=\dfrac{\mathrm{d}\beta}{\mathrm{d}t}$，则式(5-26)和式(5-31)描述了国家煤矿安全监察机构群体和煤矿企业群体演化博弈系统的群体动态，如下式所列：

$$
\begin{cases}
F(\alpha,\beta)=\dfrac{d\alpha}{dt}=\alpha(1-\alpha)[-\beta(b+c)-a+b+c] \\[2mm]
G(\alpha,\beta)=\dfrac{d\beta}{dt}=\beta(1-\beta)(c\alpha-h+i)
\end{cases}
\tag{5-32}
$$

系统复制动态方程式(5-32)反映了该系统内国家煤矿安全监察机构群体和煤矿企业群体学习的速度和方向,当其为零时,则表明学习的速度为零,此时该博弈已达到一种相对稳定的均衡状态。

令 $f(X)=\begin{pmatrix} F(\alpha,\beta) \\ G(\alpha,\beta) \end{pmatrix}=0$,可得系统复制动态方程的均衡点,如下所示:

$$
\boldsymbol{X}_1^*=\begin{pmatrix}0\\0\end{pmatrix},\boldsymbol{X}_2^*=\begin{pmatrix}0\\1\end{pmatrix},\boldsymbol{X}_3^*=\begin{pmatrix}1\\0\end{pmatrix},\boldsymbol{X}_4^*=\begin{pmatrix}1\\1\end{pmatrix},\boldsymbol{X}_5^*=\begin{pmatrix}\alpha_5^*\\\beta_5^*\end{pmatrix}
$$

其中:

$$
\alpha_5^*=\frac{h-i}{c},\ \beta_5^*=\frac{-a+b+c}{b+c}
$$

令 $\boldsymbol{X}_5^*$ 为复制动态方程的均衡点可得:

$$
\begin{cases}
i<h<i+c \\
a<b+c
\end{cases}
$$

根据弗里德曼提出的通过分析均衡点时系统的雅可比矩阵的行列式值和迹值的符号,可以得到系统复制动态方程均衡点的稳定性,即是否存在演化稳定策略(ESS),该系统的雅可比矩阵为:

$$
\boldsymbol{J}=\begin{bmatrix}(1-2\alpha)[-\beta(b+c)-a+b+c] & -\alpha(1-\alpha)(b+c) \\ \beta(1-\beta)c & (1-2\beta)(c\alpha-h+i)\end{bmatrix}
\tag{5-33}
$$

由式(5-33)可知,矩阵 $\boldsymbol{J}$ 的行列式和迹分别为:

$$
\det \boldsymbol{J}=(1-2\alpha)[-\beta(b+c)-a+b+c](1-2\beta)(c\alpha-h+i)+
$$
$$
\beta(1-\beta)c\alpha(1-\alpha)(b+c)
\tag{5-34}
$$
$$
\mathrm{tr}\,\boldsymbol{J}=(1-2\alpha)[-\beta(b+c)-a+b+c]+(1-2\beta)(c\alpha-h+i)
\tag{5-35}
$$

5.3.1.3 博弈模型稳定均衡点分析

由 $\boldsymbol{X}_5^*$ 为复制动态方程的均衡点可以引申出演化博弈的以下六种情形。

(1) 双方高成本的演化博弈

当 $a>b+c$ 且 $h>i+c$,即博弈双方都是高成本时,$\boldsymbol{X}_5^*$ 不是复制动态方程的均衡点,复制动态方程式(5-32)有 4 个均衡点,如下所列:

$$
\boldsymbol{X}_1^*=\begin{pmatrix}0\\0\end{pmatrix},\boldsymbol{X}_2^*=\begin{pmatrix}0\\1\end{pmatrix},\boldsymbol{X}_3^*=\begin{pmatrix}1\\0\end{pmatrix},\boldsymbol{X}_4^*=\begin{pmatrix}1\\1\end{pmatrix}
$$

复制动态方程 4 个均衡点的行列式值和迹值如表 5-5 所列:

表 5-5　　国家煤矿安全监察机构与煤矿企业双方高成本条件下的稳定均衡点分析

均衡点	det J	det J 符号	tr J	tr J 符号	局部稳定性
X_1^*	$(-a+b+c)(i-h)$	>0	$-a+b+c+i-h$	<0	ESS
X_2^*	$a(i-h)$	<0	$-a-i+h$	不确定	不稳定点
X_3^*	$-(-a+b+c)(c-h+i)$	<0	$a-b-c+c-h+i$	不确定	不稳定点
X_4^*	$-a(c-h+i)$	>0	$a-(c-h+i)$	>0	不稳定点

由表 5-5 可知,当 $a>b+c$ 且 $h>i+c$,即国家煤矿安全监察机构和煤矿企业都是高成本时,复制动态方程的稳定均衡点是 $X_1^*=(0,0)^{\mathrm{T}}$。

这说明当国家煤矿安全监察机构监察煤矿企业的成本高于其查处煤矿企业的罚款与不执行监察职能而造成的期望损失之和,且煤矿企业按照国家相关的法律、法规和安全标准等进行安全投入的成本高于不进行安全投入被查处的处罚与事故期望损失之和时,国家煤矿安全监察机构和煤矿企业开始以随机的概率进行策略选择,最终会通过动态演化博弈而演化到稳定均衡点 $X_1^*=(0,0)^{\mathrm{T}}$,即国家煤矿安全监察机构选择不认真执行监察职能,煤矿企业选择不按照国家相关的法律、法规和安全标准等进行安全投入。这种情形在煤矿地质条件不好的偏远地区是可能存在的。

（2）国家煤矿安全监察机构高成本、煤矿企业低成本的演化博弈

当 $a>b+c$ 且 $h<i$,即国家煤矿安全监察机构高成本、煤矿企业低成本时,均衡点 X_5^* 不满足 $0<X_5^*<1$,复制动态方程式（5-32）有 4 个均衡点,如下所列:

$$X_1^*=\binom{0}{0}, X_2^*=\binom{0}{1}, X_3^*=\binom{1}{0}, X_4^*=\binom{1}{1}$$

复制动态方程 4 个均衡点的行列式值和迹值如表 5-6 所列:

表 5-6　　国家煤矿安全监察机构高成本、煤矿企业低成本条件下的稳定均衡点分析

均衡点	det J	det J 符号	tr J	tr J 符号	局部稳定性
X_1^*	$(-a+b+c)(i-h)$	<0	$-a+b+c+i-h$	不确定	不稳定点
X_2^*	$a(i-h)$	>0	$-a-i+h$	<0	ESS
X_3^*	$-(-a+b+c)(c-h+i)$	>0	$a-b-c+c-h+i$	>0	不稳定点
X_4^*	$-a(c-h+i)$	<0	$a-(c-h+i)$	不确定	不稳定点

由上表可知,当 $a>b+c$ 且 $h<i$,即国家煤矿安全监察机构高成本、煤矿企业低成本时,复制动态方程的稳定均衡点是 $X_2^*=(0,1)^{\mathrm{T}}$。

这说明当国家煤矿安全监察机构监察煤矿企业的成本高于其查处煤矿企业

的罚款与不执行监察职能而造成的期望损失之和，且煤矿企业按照国家相关的法律、法规和安全标准等进行安全投入的成本低于其不进行安全投入而发生事故的期望损失时，国家煤矿安全监察机构和煤矿企业开始以随机的概率进行策略选择，最终会通过动态演化博弈而演化到稳定均衡点 $\boldsymbol{X}_2^* = (0,1)^{\mathrm{T}}$，即国家煤矿安全监察机构选择不认真执行监察职能，煤矿企业选择按照国家相关的法律、法规和安全标准等进行安全投入。这种情形在煤矿地质条件较好的偏远地区是可能存在的。

（3）国家煤矿安全监察机构高成本、煤矿企业中间成本的演化博弈

当 $a > b+c$ 且 $i < h < i+c$，即国家煤矿安全监察机构高成本、煤矿企业中间成本时，$\boldsymbol{X}_5^*$ 不是复制动态方程的均衡点，复制动态方程式（5-32）有 4 个均衡点，如下所列：

$$\boldsymbol{X}_1^* = \begin{pmatrix} 0 \\ 0 \end{pmatrix}, \boldsymbol{X}_2^* = \begin{pmatrix} 0 \\ 1 \end{pmatrix}, \boldsymbol{X}_3^* = \begin{pmatrix} 1 \\ 0 \end{pmatrix}, \boldsymbol{X}_4^* = \begin{pmatrix} 1 \\ 1 \end{pmatrix}$$

复制动态方程 4 个均衡点的行列式值和迹值如表 5-7 所列：

表 5-7　国家煤矿安全监察机构高成本、煤矿企业中间成本条件下的稳定均衡点分析

均衡点	det $\boldsymbol{J}$	det $\boldsymbol{J}$ 符号	tr $\boldsymbol{J}$	tr $\boldsymbol{J}$ 符号	局部稳定性
$\boldsymbol{X}_1^*$	$(-a+b+c)(i-h)$	>0	$-a+b+c+i-h$	<0	ESS
$\boldsymbol{X}_2^*$	$a(i-h)$	<0	$-a-i+h$	不确定	不稳定点
$\boldsymbol{X}_3^*$	$-(-a+b+c)(c-h+i)$	>0	$a-b-c+c-h+i$	>0	不稳定点
$\boldsymbol{X}_4^*$	$-a(c-h+i)$	<0	$a-(c-h+i)$	不确定	不稳定点

由表 5-7 可知，当 $a > b+c$ 且 $i < h < i+c$，即国家煤矿安全监察机构高成本、煤矿企业中间成本时，复制动态方程的稳定均衡点是 $\boldsymbol{X}_1^* = (0,0)^{\mathrm{T}}$。

这说明当国家煤矿安全监察机构监察煤矿企业的成本高于其查处煤矿企业的罚款与不执行监察职能而造成的期望损失之和，同时煤矿企业按照国家相关的法律、法规和安全标准等进行安全投入的成本高于其不进行安全投入而发生事故的期望损失且低于不进行安全投入被查处的处罚与事故期望损失之和时，国家煤矿安全监察机构和煤矿企业开始以随机的概率进行策略选择，最终会通过动态演化博弈而演化到稳定均衡点 $\boldsymbol{X}_1^* = (0,0)^{\mathrm{T}}$，即国家煤矿安全监察机构选择不认真执行监察职能，煤矿企业选择不按照国家相关的法律、法规和安全标准等进行安全投入。这种情形在同一偏远地区的不同地质条件的煤矿是可能存在的。

（4）国家煤矿安全监察机构一般成本、煤矿企业高成本的演化博弈

当 $a<b+c$ 且 $h>i+c$，即国家煤矿安全监察机构一般成本、煤矿企业高成本时，$\boldsymbol{X}_5^*$ 不是复制动态方程的均衡点，复制动态方程式(5-32)有 4 个均衡点，如下所列：

$$\boldsymbol{X}_1^*=\begin{pmatrix}0\\0\end{pmatrix},\boldsymbol{X}_2^*=\begin{pmatrix}0\\1\end{pmatrix},\boldsymbol{X}_3^*=\begin{pmatrix}1\\0\end{pmatrix},\boldsymbol{X}_4^*=\begin{pmatrix}1\\1\end{pmatrix}$$

复制动态方程 4 个均衡点的行列式值和迹值如表 5-8 所列：

表 5-8　国家煤矿安全监察机构一般成本、煤矿企业高成本条件下的稳定均衡点分析

均衡点	det $\boldsymbol{J}$	det $\boldsymbol{J}$ 符号	tr $\boldsymbol{J}$	tr $\boldsymbol{J}$ 符号	局部稳定性
$\boldsymbol{X}_1^*$	$(-a+b+c)(i-h)$	<0	$-a+b+c+i-h$	不确定	不稳定点
$\boldsymbol{X}_2^*$	$a(i-h)$	<0	$-a-i+h$	不确定	不稳定点
$\boldsymbol{X}_3^*$	$-(-a+b+c)(c-h+i)$	>0	$a-b-c+c-h+i$	<0	ESS
$\boldsymbol{X}_4^*$	$-a(c-h+i)$	>0	$a-(c-h+i)$	>0	不稳定点

由表 5-8 可知，当 $a<b+c$ 且 $h>i+c$，即国家煤矿安全监察机构一般成本、煤矿企业高成本时，复制动态方程的稳定均衡点是 $\boldsymbol{X}_3^*=(1,0)^{\mathrm{T}}$。

这说明当国家煤矿安全监察机构监察煤矿企业的成本低于其查处煤矿企业的罚款与不执行监察职能而造成的期望损失之和，且煤矿企业按照国家相关的法律、法规和安全标准等进行安全投入的成本高于其不进行安全投入被查处的处罚与事故期望损失之和时，国家煤矿安全监察机构和煤矿企业开始以随机的概率进行策略选择，最终会通过动态演化博弈而演化到稳定均衡点 $\boldsymbol{X}_3^*=(1,0)^{\mathrm{T}}$，即国家煤矿安全监察机构选择认真执行监察职能，煤矿企业选择不按照国家相关的法律、法规和安全标准等进行安全投入。此种条件下，由于煤矿企业可以从不进行安全投入中获取较多利益，因此其愿意接受处罚而不进行安全投入，同时国家煤矿安全监察机构可以从执行监察职能中获取对煤矿企业的处罚且监察成本很低，因此其愿意执行监察职能。这种情形在煤矿地质条件不好的近城地区是可能存在的。

（5）国家煤矿安全监察机构一般成本、煤矿企业低成本的演化博弈

当 $a<b+c$ 且 $h<i$，即国家煤矿安全监察机构一般成本、煤矿企业低成本时，$\boldsymbol{X}_5^*$ 不是复制动态方程的均衡点，复制动态方程式(5-32)有 4 个均衡点，如下所列：

$$\boldsymbol{X}_1^*=\begin{pmatrix}0\\0\end{pmatrix},\boldsymbol{X}_2^*=\begin{pmatrix}0\\1\end{pmatrix},\boldsymbol{X}_3^*=\begin{pmatrix}1\\0\end{pmatrix},\boldsymbol{X}_4^*=\begin{pmatrix}1\\1\end{pmatrix}$$

复制动态方程 4 个均衡点的行列式值和迹值如表 5-9 所列：

表 5-9　国家煤矿安全监察机构一般成本、煤矿企业低成本条件下的稳定均衡点分析

均衡点	det $\boldsymbol{J}$	det $\boldsymbol{J}$ 符号	tr $\boldsymbol{J}$	tr $\boldsymbol{J}$ 符号	局部稳定性
$\boldsymbol{X}_1^*$	$(-a+b+c)(i-h)$	>0	$-a+b+c+i-h$	>0	不稳定点
$\boldsymbol{X}_2^*$	$a(i-h)$	>0	$-a-i+h$	<0	ESS
$\boldsymbol{X}_3^*$	$-(-a+b+c)(c-h+i)$	<0	$a-b-c+c-h+i$	不确定	不稳定点
$\boldsymbol{X}_4^*$	$-a(c-h+i)$	<0	$a-(c-h+i)$	不确定	不稳定点

由表 5-9 可知，当 $a<b+c$ 且 $h<i$，即国家煤矿安全监察机构一般成本、煤矿企业低成本时，复制动态方程的稳定均衡点是 $\boldsymbol{X}_2^*=(0,1)^{\mathrm{T}}$。

这说明当国家煤矿安全监察机构监察煤矿企业的成本低于其查处煤矿企业的罚款与不执行监察职能而造成的期望损失之和，且煤矿企业按照国家相关的法律、法规和安全标准等进行安全投入的成本低于其不进行安全投入而发生事故期望损失时，国家煤矿安全监察机构和煤矿企业开始以随机的概率进行策略选择，最终会通过动态演化博弈而演化到稳定均衡点 $\boldsymbol{X}_2^*=(0,1)^{\mathrm{T}}$，即国家煤矿安全监察机构选择不认真执行监察职能，煤矿企业选择按照国家相关的法律、法规和安全标准等进行安全投入。这种情形在煤矿地质条件较好的近城地区是可能存在的。

（6）国家煤矿安全监察机构一般成本、煤矿企业中间成本的演化博弈

当 $a<b+c$ 且 $i<h<i+c$，即国家煤矿安全监察机构一般成本、煤矿企业中间成本时，复制动态方程式（5-32）有 5 个均衡点，如下所列：

$$\boldsymbol{X}_1^*=\binom{0}{0},\boldsymbol{X}_2^*=\binom{0}{1},\boldsymbol{X}_3^*=\binom{1}{0},\boldsymbol{X}_4^*=\binom{1}{1},\boldsymbol{X}_5^*=\binom{\alpha_5^*}{\beta_5^*}$$

复制动态方程 5 个均衡点的行列式值和迹值如表 5-10 所列：

表 5-10　国家煤矿安全监察机构一般成本、煤矿企业中间成本条件下的稳定均衡点分析

均衡点	det $\boldsymbol{J}$	det $\boldsymbol{J}$ 符号	tr $\boldsymbol{J}$	tr $\boldsymbol{J}$ 符号	局部稳定性
$\boldsymbol{X}_1^*$	$(-a+b+c)(i-h)$	<0	$-a+b+c+i-h$	不确定	不稳定点
$\boldsymbol{X}_2^*$	$a(i-h)$	<0	$-a-i+h$	不确定	不稳定点
$\boldsymbol{X}_3^*$	$-(-a+b+c)(c-h+i)$	<0	$a-b-c+c-h+i$	不确定	不稳定点
$\boldsymbol{X}_4^*$	$-a(c-h+i)$	<0	$a-(c-h+i)$	不确定	不稳定点
$\boldsymbol{X}_5^*$	det $\boldsymbol{J}(\boldsymbol{X}_5^*)$	>0	0	$=0$	中心

其中：

$$\det \boldsymbol{J}(\boldsymbol{X}_5^*)=\beta_5^*(1-\beta_5^*)c\alpha_5^*(1-\alpha_5^*)(b+c)>0$$

由表 5-10 可知,当 $a<b+c$ 且 $i<h<i+c$,即国家煤矿安全监察机构一般成本、煤矿企业中间成本时,复制动态方程不存在稳定均衡点。

煤矿安全监察的实际情形大多与此种情形类似,即国家煤矿安全监察机构监察煤矿企业的成本低于其查处煤矿企业的罚款与不执行监察职能而造成的期望损失之和,同时煤矿企业按照国家相关的法律、法规和安全标准等进行安全投入的成本高于其不进行安全投入而发生事故的期望损失且低于不进行安全投入被查处的处罚与事故期望损失之和;在这种情形下,双方博弈不存在演化稳定策略,博弈过程难以控制。

5.3.1.4　结论

通过对国家煤矿安全监察机构与煤矿企业之间的演化博弈进行分析,得出以下结论:

(1)当国家煤矿安全监察机构高成本,且煤矿企业高成本或中间成本时,国家煤矿安全监察机构和煤矿企业将向稳定均衡点 $\boldsymbol{X}_1^* =(0,0)^{\mathrm{T}}$ 演进,即国家煤矿安全监察机构选择不认真执行监察职能,煤矿企业选择不按照国家相关的法律、法规和安全标准等进行安全投入。

(2)当煤矿企业低成本时,国家煤矿安全监察机构和煤矿企业将向稳定均衡点 $\boldsymbol{X}_2^* =(0,1)^{\mathrm{T}}$ 演进,即国家煤矿安全监察机构会选择不认真执行监察职能,煤矿企业选择按照国家相关的法律、法规和安全标准等进行安全投入。

(3)当国家煤矿安全监察机构一般成本、煤矿企业高成本时,国家煤矿安全监察机构和煤矿企业将向稳定均衡点 $\boldsymbol{X}_3^* =(1,0)^{\mathrm{T}}$ 演进,即国家煤矿安全监察机构会选择认真执行监察职能,煤矿企业选择不按照国家相关的法律、法规和安全标准等进行安全投入。

(4)当国家煤矿安全监察机构一般成本、煤矿企业中间成本时,国家煤矿安全监察机构和煤矿企业之间的演化博弈不存在演化稳定策略,博弈过程难以控制。

5.3.2　地方煤矿安全监管机构与煤矿企业间演化博弈分析

5.3.2.1　博弈模型假定及描述

依据《煤矿安全监察条例》、《关于完善煤矿安全监察体制的意见》(国办发〔2004〕79 号)以及《关于进一步加强煤矿安全生产工作的意见》(国办发〔2013〕99 号)中有关地方煤矿安全监管机构对其属地煤矿企业进行日常安全监管职责,对地方煤矿安全监管机构与煤矿企业之间在有限理性下的长期动态博弈过程进行分析。在"国家监察-地方监管-企业负责"的煤矿安全监察监管机制下,假定地方煤矿安全监管机构与煤矿企业之间存在贿赂的现象,地方煤矿安全监管机构执法能力足够强，不存在违规煤矿企业逃避处罚的情况，一旦监管违规企业就能查出其违规程度。假定地方煤矿安全监管机构认真对其属地煤矿企业进行日常安全监管工作的比率为 $\gamma(0 \leqslant \gamma \leqslant 1)$；比率 γ 的高低代表着监管力度的强弱，$\gamma=1$ 意味着地方煤矿安全监管机构都严格履行自己的监管职责，$\gamma=0$ 则说明其忽视其职责不进行监管，甚至利用自己的权利进行寻租。如果地方煤矿安全监管机构忽视职责而进行寻租，则煤矿企业发生事故的概率会上升导致其将承担后期的期望损失成本 l（包含受到的惩罚），同时将获得来自违法生产煤矿企业的贿赂 m；地方煤矿安全监管机构履行自己的监管职责获得对违法煤矿企业处罚的收益为 k。

假定煤矿企业群体以比率 $\beta(0 \leqslant \beta \leqslant 1)$ 选择按照国家相关的法律、法规和安全标准等进行安全投入，$1-\beta$ 值的高低代表煤矿企业违规行为的严重程度。煤矿企业正常生产所获得的收益为 g，而采取不按照国家相关的法律、法规和安全标准等进行安全投入时，将节约安全投入成本 h，获得这部分违规操作收益，同时将导致煤矿事故发生概率上升，其将承担后期的期望损失 i。由以上基本假定及描述可得到地方煤矿安全监管机构与煤矿企业之间的博弈收益矩阵，如表5-11所列。

表5-11　　地方煤矿安全监管机构与煤矿企业间的博弈收益矩阵

地方煤矿安全监管机构		认真监管	不认真监管
煤矿企业	认真执行安全投入	$g;0$	$g;0$
	不认真执行安全投入	$g+h-i-k;k$	$g+h-i-m;-l+m$

5.3.2.2　博弈模型适应度分析

由以上假定地方煤矿安全监管机构认真履行监管职能策略的比率为 γ，不认真履行监管职能策略的比率为 $1-\gamma(0 \leqslant \gamma \leqslant 1)$；煤矿企业按照国家相关的法律、法规和安全标准等进行安全投入的比率为 β，不进行安全投入的比率为 $1-\beta$ $(0 \leqslant \beta \leqslant 1)$。则地方煤矿安全监管机构对煤矿企业认真履行监管职能时和不认真履行监管职能时的适应度分别为：

$$U_\gamma = \beta \times 0 + (1-\beta)k = k - k\beta \tag{5-36}$$

$$U_{1-\gamma} = \beta \times 0 + (1-\beta)(-l+m) \tag{5-37}$$
$$= -l+m - \beta(-l+m)$$

根据上述计算，地方煤矿安全监管机构的平均适应度为：

$$\bar{U} = \gamma U_\gamma + (1-\gamma)U_{1-\gamma} \tag{5-38}$$

假定时间是连续的且地方煤矿安全监管机构会倾向于学习和模仿相对有较

高回报的博弈策略行为。

令地方煤矿安全监管机构采取认真履行监管策略时的概率变化率为 $\dfrac{\mathrm{d}\gamma}{\mathrm{d}t}$,则:

$$\frac{\mathrm{d}\gamma}{\mathrm{d}t}=\gamma(U_\gamma-\bar{U})=\gamma(1-\gamma)(U_\gamma-U_{1-\gamma}) \tag{5-39}$$

将式(5-36)、式(5-37)和式(5-38)代入式(5-39),可得地方煤矿安全监管机构群体的复制动态方程如下:

$$\begin{aligned}\frac{\mathrm{d}\gamma}{\mathrm{d}t}&=\gamma(1-\gamma)(U_\gamma-U_{1-\gamma})\\&=\gamma(1-\gamma)(1-\beta)(k+l-m)\end{aligned} \tag{5-40}$$

同理,煤矿企业按照国家相关的法律、法规和安全标准等进行安全投入和不进行安全投入的适应度分别为:

$$U_\beta=\gamma g+(1-\gamma)g=g \tag{5-41}$$

$$\begin{aligned}U_{1-\beta}&=\gamma(g+h-k-i)+(1-\gamma)(g+h-i-m)\\&=\gamma(-k+m)+g+h-i-m\end{aligned} \tag{5-42}$$

根据上述计算,煤矿企业是否按照国家相关的法律、法规和安全标准等进行安全投入的平均适应度为:

$$\bar{U}=\beta U_\beta+(1-\beta)U_{1-\beta} \tag{5-43}$$

令煤矿企业按照国家相关的法律、法规和安全标准等进行安全投入时的概率变化率为 $\dfrac{\mathrm{d}\beta}{\mathrm{d}t}$,则:

$$\frac{\mathrm{d}\beta}{\mathrm{d}t}=\beta(U_\beta-\bar{U})=3(1-\beta)(U_\beta-U_{1-\beta}) \tag{5-44}$$

将式(5-41)、式(5-42)和式(5-43)代入式(5-44),可得煤矿企业群体的复制动态方程如下:

$$\begin{aligned}\frac{\mathrm{d}\beta}{\mathrm{d}t}&=\beta(1-\beta)(U_\beta-U_{1-\beta})\\&=\beta(1-\beta)[\gamma(k-m)-h+i+m]\end{aligned} \tag{5-45}$$

令 $H(\beta,\gamma)=\dfrac{\mathrm{d}\gamma}{\mathrm{d}t}$, $G(\beta,\gamma)=\dfrac{\mathrm{d}\beta}{\mathrm{d}t}$,则复制动态方程式(5-40)和式(5-45)描述了地方煤矿安全监管机构群体和煤矿企业群体演化系统的群体动态,如下式所列:

$$\begin{cases}H(\beta,\gamma)=\dfrac{\mathrm{d}\gamma}{\mathrm{d}t}=\gamma(1-\gamma)(1-\beta)(k+l-m)\\[2mm]G(\beta,\gamma)=\dfrac{\mathrm{d}\beta}{\mathrm{d}t}=\beta(1-\beta)[\gamma(k-m)-h+i+m]\end{cases} \tag{5-46}$$

令 $g(X) = \begin{cases} H(\beta,\gamma) \\ G(\beta,\gamma) \end{cases} = 0$，可得系统复制动态方程的均衡点如下所列：

$$Y_1^* = \binom{0}{0}, Y_2^* = \binom{0}{1}, Y_3^* = \binom{1}{0}, Y_4^* = \binom{1}{1}, Y_5^* = \binom{\gamma_5^*}{1}$$

其中：

$$\gamma_5^* = \frac{h-i-m}{k-m}$$

令 $0 < \gamma_5^* < 1$ 可得：

$$\begin{cases} i+m < h < i+k \\ m < k \end{cases} \quad 或 \quad \begin{cases} i+k < h < i+m \\ k < m \end{cases}$$

根据弗里德曼提出的通过分析均衡点时系统的雅可比矩阵的行列式值和迹值的符号，可以得到系统复制动态方程均衡点的稳定性，即是否存在演化稳定策略（ESS），该系统的雅可比矩阵为：

$$J = \begin{bmatrix} (1-2\gamma)(1-\beta)(k+l-m) & -\gamma(1-\gamma)(k+l-m) \\ \beta(1-\beta)(k-m) & (1-2\beta)[\gamma(k-m)-h+i+m] \end{bmatrix} \quad (5\text{-}47)$$

由式（5-47）可知，矩阵 J 的行列式和迹分别为：

$$\det J = (1-2\gamma)(1-\beta)(k+l-m)(1-2\beta)[\gamma(k-m)-h+i+m] + \beta(1-\beta)(k-m)\gamma(1-\gamma)(k+l-m) \quad (5\text{-}48)$$

$$\operatorname{tr} J = (1-2\gamma)(1-\beta)(k+l-m)+(1-2\beta)[\gamma(k-m)-h+i+m] \quad (5\text{-}49)$$

5.3.2.3　博弈模型稳定均衡点分析

由 $0 < \gamma_5^* < 1$ 可以引申出演化博弈的以下六种情形。

（1）当 $k > m$ 且 $h < i+m$ 时，$\gamma_5^* < 0$，即 Y_5^* 不是复制动态方程的均衡点，因此，复制动态方程式（5-46）有 4 个均衡点，如下所列：

$$Y_1^* = \binom{0}{0}, Y_2^* = \binom{0}{1}, Y_3^* = \binom{1}{0}, Y_4^* = \binom{1}{1}$$

复制动态方程 4 个均衡点的行列式值和迹值如表 5-12 所列：

表 5-12　　地方煤矿安全监管机构与煤矿企业在情形 1 下的稳定均衡点分析

均衡点	$\det J$	$\det J$ 符号	$\operatorname{tr} J$	$\operatorname{tr} J$ 符号	局部稳定性
Y_1^*	$(k+l-m)(-h+i+m)$	>0	$(k+l-m)+(-h+i+m)$	>0	不稳定点
Y_2^*	0	$=0$	$-m-i+h$	<0	ESS
Y_3^*	$-(k+l-m)(k-h+i)$	<0	$-(k+l-m)+(k-h+i)$	不确定	不稳定点
Y_4^*	0	$=0$	$-(k-h+i)$	<0	ESS

由表 5-12 可知,当 $k>m$ 且 $h<i+m$ 时,复制动态方程的稳定均衡点是 $Y_2^* = (0,1)$ 和 $Y_4^* = (1,1)^{\mathrm{T}}$。这说明当地方煤矿安全监管机构对违规煤矿企业的处罚高于煤矿企业对其的贿赂金额,且煤矿企业按照国家相关的法律、法规和安全标准等进行安全投入的成本低于其不进行安全投入而对地方煤矿安全监管机构进行贿赂的金额与发生事故期望损失之和时,地方煤矿安全监管机构和煤矿企业开始以随机的概率进行策略选择,最终会通过动态演化博弈而演化到稳定均衡点 $Y_2^* = (0,1)^{\mathrm{T}}$ 和 $Y_4^* = (1,1)^{\mathrm{T}}$,即地方煤矿安全监管机构选择认真或不认真执行监管职能时,煤矿企业都会选择按照国家相关的法律、法规和安全标准等进行安全投入。

(2) 当 $k<m$ 且 $h>i+m$ 时,$\gamma_5^*<0$,即 Y_5^* 不是复制动态方程的均衡点,因此,复制动态方程式(5-46)有 4 个均衡点,如下所列:

$$Y_1^* = \binom{0}{0},\ Y_2^* = \binom{0}{1},\ Y_3^* = \binom{1}{0},\ Y_4^* = \binom{1}{1}$$

复制动态方程 4 个均衡点的行列式值和迹值如表 5-13 所列:

表 5-13　　地方煤矿安全监管机构与煤矿企业在情形 2 下的稳定均衡点分析

均衡点	det J	det J 符号	tr J	tr J 符号	局部稳定性
Y_1^*	$(k+l-m)$ $(-h+i+m)$	$>0,(k<m-l)$	$(k+l-m)+$ $(-h+i+m)$	<0	ESS
		$<0,(k>m-l)$		不确定	不稳定点
Y_2^*	0	$=0$	$-m-i+h$	>0	不稳定点
Y_3^*	$-(k+l-m)$ $(k-h+i)$	$<0,(k<m-l)$	$-(k+l-m)+$ $(k-h+i)$	不确定	不稳定点
		$>0,(k>m-l)$		<0	ESS
Y_4^*	0	$=0$	$-(k-h+i)$	>0	不稳定点

由表 5-13 可知,当 $k<m-l$ 且 $h>i+m$ 时,复制动态方程的稳定均衡点是 $Y_1^* = (0,0)^{\mathrm{T}}$,这说明当地方煤矿安全监管机构对违规煤矿企业的处罚低于煤矿企业对其的贿赂金额与不监管而带来的期望损失之差,同时煤矿企业按照国家相关的法律、法规和安全标准等进行安全投入的成本高于其不进行安全投入而对煤矿监管机构进行贿赂的金额与发生事故期望损失之和时,地方煤矿安全监管机构和煤矿企业开始以随机的概率进行策略选择,但其最终会通过系统动态演化博弈而演化到稳定均衡点 $Y_1^* = (0,0)^{\mathrm{T}}$,即地方煤矿安全监管机构不认真执行监管职能,煤矿企业不按照国家相关的法律、法规和安全标准等进行安全

投入。

当 $m-l<k<m$ 且 $h>i+m$ 时,复制动态方程的稳定均衡点是 $Y_3^* = (1,0)^{\mathrm{T}}$,这说明当地方煤矿安全监管机构对违规煤矿企业的处罚高于煤矿企业对其的贿赂金额与不监管而带来的期望损失之差且小于煤矿企业对其的贿赂金额,同时煤矿企业按照国家相关的法律、法规和安全标准等进行安全投入的成本高于其不进行安全投入而对煤矿监管机构进行贿赂的金额与发生事故期望损失之和时,地方煤矿安全监管机构和煤矿企业开始以随机的概率进行策略选择,最终会通过动态演化博弈而演化到稳定均衡点 $Y_3^* = (1,0)^{\mathrm{T}}$,即地方煤矿安全监管机构认真执行监管职能,煤矿企业不按照国家相关的法律、法规和安全标准等进行安全投入。

(3) 当 $k>m$ 且 $h>i+k$ 时,$\gamma_5^* >1$,即 Y_5^* 不是复制动态方程的均衡点,因此,复制动态方程式(5-46)有 4 个均衡点,如下所列:

$$Y_1^* = \begin{pmatrix} 0 \\ 0 \end{pmatrix}, Y_2^* = \begin{pmatrix} 0 \\ 1 \end{pmatrix}, Y_3^* = \begin{pmatrix} 1 \\ 0 \end{pmatrix}, Y_4^* = \begin{pmatrix} 1 \\ 1 \end{pmatrix}$$

复制动态方程 4 个均衡点的行列式值和迹值如表 5-14 所列:

表 5-14　　地方煤矿安全监管机构与煤矿企业在情形 3 下的稳定均衡点分析

均衡点	det J	det J 符号	tr J	tr J 符号	局部稳定性
Y_1^*	$(k+l-m)(-h+i+m)$	<0	$(k+l-m)+(-h+i+m)$	不确定	不稳定点
Y_2^*	0	$=0$	$-m-i+h$	>0	不稳定点
Y_3^*	$-(k+l-m)(k-h+i)$	>0	$-(k+l-m)+(k-h+i)$	<0	ESS
Y_4^*	0	$=0$	$-(k-h+i)$	>0	不稳定点

由表 5-14 可知,当 $k>m$ 且 $h>i+k$ 时,复制动态方程的稳定均衡点是 $Y_3^* = (1,0)^{\mathrm{T}}$,这说明当地方煤矿安全监管机构对违法煤矿企业的处罚高于其对煤矿监管机构的贿赂金额,且煤矿企业按照国家相关的法律、法规和安全标准等进行安全投入的成本高于因不进行安全投入而受地方煤矿安全监管机构的处罚与发生事故期望损失之和时,地方煤矿安全监管机构和煤矿企业开始以随机的概率进行策略选择,最终会通过动态演化博弈而演化到稳定均衡点 $Y_3^* = (1,0)^{\mathrm{T}}$,即地方煤矿安全监管机构认真执行监管职能,煤矿企业不按照国家相关的法律、法规和安全标准等进行安全投入。此种条件下,由于煤矿企业可以从不进行安全投入中获取较多利益,因此其愿意接受处罚而不进行安全投入,同时地方煤矿安全监管机构也可以从执行监管职能中获取对煤矿企业的处罚,因此其愿意执行监管职能。

(4) 当 $k<m$ 且 $h<i+k$ 时,$\gamma_5^* >1$,即 Y_5^* 不是复制动态方程的均衡点,因此,

复制动态方程式(5-46)有 4 个均衡点,如下所列:

$$\boldsymbol{Y}_1^* = \begin{pmatrix} 0 \\ 0 \end{pmatrix}, \boldsymbol{Y}_2^* = \begin{pmatrix} 0 \\ 1 \end{pmatrix}, \boldsymbol{Y}_3^* = \begin{pmatrix} 1 \\ 0 \end{pmatrix}, \boldsymbol{Y}_4^* = \begin{pmatrix} 1 \\ 1 \end{pmatrix}$$

复制动态方程 4 个均衡点的行列式值和迹值如表 5-15 所列:

表 5-15　　地方煤矿安全监管机构与煤矿企业在情形 4 下的稳定均衡点分析

均衡点	det $\boldsymbol{J}$	det $\boldsymbol{J}$ 符号	tr $\boldsymbol{J}$	tr $\boldsymbol{J}$ 符号	局部稳定性
$\boldsymbol{Y}_1^*$	$(k+l-m)$	$<0,(k<m-l)$	$(k+l-m)+$	不确定	不稳定点
	$(-h+i+m)$	$>0,(k>m-l)$	$(-h+i+m)$	>0	不稳定点
$\boldsymbol{Y}_2^*$	0	$=0$	$-m-i+h$	<0	ESS
$\boldsymbol{Y}_3^*$	$-(k+l-m)$	$>0,(k<m-l)$	$-(k+l-m)+$	>0	不稳定点
	$(k-h+i)$	$<0,(k>m-l)$	$(k-h+i)$	不确定	不稳定点
$\boldsymbol{Y}_4^*$	0	$=0$	$-(k-h+i)$	<0	ESS

由表 5-15 可知,当 $k<m$ 且 $h<i+k$ 时,复制动态方程的稳定均衡点是 $\boldsymbol{Y}_2^* = (0,1)^{\mathrm{T}}$ 和 $\boldsymbol{Y}_4^* = (1,1)^{\mathrm{T}}$。这说明当地方煤矿安全监管机构对违法煤矿企业的处罚低于煤矿企业对其的贿赂金额,且煤矿企业按照国家相关的法律、法规和安全标准等进行安全投入的成本低于其不进行安全投入而受地方煤矿安全监管机构的处罚与发生事故期望损失之和时,地方煤矿安全监管机构和煤矿企业开始以随机的概率进行策略选择,最终会通过动态演化博弈而演化到稳定均衡点 $\boldsymbol{Y}_2^* = (0,1)^{\mathrm{T}}$ 和 $\boldsymbol{Y}_4^* = (1,1)^{\mathrm{T}}$,即地方煤矿安全监管机构认真或不认真执行监管职能,煤矿企业都会选择按照国家相关的法律、法规和安全标准等进行安全投入。

(5) 当 $i+m<h<i+k$ 时,复制动态方程式(5-46)有 5 个均衡点,如下所列:

$$\boldsymbol{Y}_1^* = \begin{pmatrix} 0 \\ 0 \end{pmatrix}, \boldsymbol{Y}_2^* = \begin{pmatrix} 0 \\ 1 \end{pmatrix}, \boldsymbol{Y}_3^* = \begin{pmatrix} 1 \\ 0 \end{pmatrix}, \boldsymbol{Y}_4^* = \begin{pmatrix} 1 \\ 1 \end{pmatrix}, \boldsymbol{Y}_5^* = \begin{pmatrix} \gamma_5^* \\ 1 \end{pmatrix}$$

其中:

$$\gamma_5^* = \frac{h-i-m}{c-m}$$

复制动态方程 5 个均衡点的行列式值和迹值如表 5-16 所列:

表 5-16　　地方煤矿安全监管机构与煤矿企业在情形 5 下的稳定均衡点分析

均衡点	det $\boldsymbol{J}$	det $\boldsymbol{J}$ 符号	tr $\boldsymbol{J}$	tr $\boldsymbol{J}$ 符号	局部稳定性
$\boldsymbol{Y}_1^*$	$(k+l-m)(-h+i+m)$	<0	$(k+l-m)+(-h+i+m)$	不确定	不稳定点
$\boldsymbol{Y}_2^*$	0	$=0$	$-m-i+h$	>0	不稳定点

均衡点	det J	det J 符号	tr J	tr J 符号	局部稳定性
Y_3^*	$-(k+l-m)(k-h+i)$	<0	$-(k+l-m)+(k-h+i)$	不确定	不稳定点
Y_4^*	0	$=0$	$-(k-h+i)$	<0	ESS
Y_5^*	0	$=0$	0	$=0$	中心

由表 5-16 可知，当 $i+m<h<i+k$ 时，复制动态方程的稳定均衡点是 $Y_4^*=(1,1)^T$，这说明煤矿企业按照国家相关的法律、法规和安全标准等进行安全投入的成本高于其不进行安全投入而对煤矿监管机构进行贿赂的金额与发生事故期望损失之和，而且低于受地方煤矿安全监管机构的处罚与发生事故期望损失之和时，地方煤矿安全监管机构和煤矿企业开始以随机的概率进行策略选择，最终会通过动态演化博弈而演化到稳定均衡点 $Y_4^*=(1,1)^T$，即地方煤矿安全监管机构认真执行监管职能，煤矿企业按照国家相关的法律、法规和安全标准等进行安全投入。

（6）当 $i+k<h<i+m$ 时，复制动态方程式（5-46）有 5 个均衡点，如下所列：

$$Y_1^*=\begin{pmatrix}0\\0\end{pmatrix}, Y_2^*=\begin{pmatrix}0\\1\end{pmatrix}, Y_3^*=\begin{pmatrix}1\\0\end{pmatrix}, Y_4^*=\begin{pmatrix}1\\1\end{pmatrix}, Y_5^*=\begin{pmatrix}\gamma_5^*\\1\end{pmatrix}$$

其中：

$$\gamma_5^*=\frac{h-i-m}{k-m}$$

复制动态方程 5 个均衡点的行列式值和迹值如表 5-17 所列：

表 5-17　　地方煤矿安全监管机构与煤矿企业在情形 6 下的稳定均衡点分析

均衡点	det J	det J 符号	tr J	tr J 符号	局部稳定性
Y_1^*	$(k+l-m)(-h+i+m)$	$<0,(k<m-l)$	$(k+l-m)+$	不确定	不稳定点
		$>0,(k>m-l)$	$(-h+i+m)$	>0	不稳定点
Y_2^*	0	$=0$	$-m-i+h$	<0	ESS
Y_3^*	$-(k+l-m)(k-h+i)$	$<0,(k<m-l)$	$-(k+l-m)+$	不确定	不稳定点
		$>0,(k>m-l)$	$(k-h+i)$	<0	ESS
Y_4^*	0	$=0$	$-(k-h+i)$	>0	不稳定点
Y_5^*	0	$=0$	0	$=0$	中心

由表 5-17 可知，当 $i+k<h<i+m$ 且 $k<m-l$ 时，复制动态方程的稳定均衡点是 $Y_2^*=(0,1)^T$，这说明当煤矿企业按照国家相关的法律、法规和安全标准

等进行安全投入的成本高于其不进行安全投入而受地方煤矿安全监管机构的处罚与发生事故期望损失之和,且低于其对煤矿监管机构进行贿赂的金额与发生事故期望损失之和,同时地方煤矿安全监管机构对违规煤矿企业的处罚低于煤矿企业对其的贿赂金额与不监管而带来的期望损失之差时,地方煤矿安全监管机构和煤矿企业开始以随机的概率进行策略选择,最终会通过动态演化博弈而演化到稳定均衡点 $Y_2^* = (0,1)^T$,即地方煤矿安全监管机构不认真执行监管职能,煤矿企业按照国家相关的法律、法规和安全标准等进行安全投入。

当 $i+k<h<i+m$ 且 $k>m-l$ 时,复制动态方程的稳定均衡点是 $Y_2^* = (0,1)$ 和 $Y_3^* = (1,0)^T$,这说明当煤矿企业按照国家相关的法律、法规和安全标准等进行安全投入的成本高于其不进行安全投入而受地方煤矿安全监管机构的处罚与发生事故期望损失之和,而且低于其对煤矿监管机构进行贿赂的金额与发生事故期望损失之和,同时地方煤矿安全监管机构对违规煤矿企业的处罚高于煤矿企业对其的贿赂金额与不监管而带来的期望损失之差时,地方煤矿安全监管机构和煤矿企业开始以随机的概率进行策略选择,最终会通过动态演化博弈而演化到稳定均衡点 $Y_2^* = (0,1)^T$ 或 $Y_3^* = (1,0)^T$,即地方煤矿安全监管机构不认真执行监管职能,煤矿企业按照国家相关的法律、法规和安全标准等进行安全投入;或地方煤矿安全监管机构认真执行监管职能,煤矿企业不按照国家相关的法律、法规和安全标准等进行安全投入。

5.3.2.4　结论

通过对地方煤矿安全监管机构与煤矿企业之间的演化博弈进行分析,得出以下结论:

(1)当 $k<m-l$ 且 $h>i+m$ 时,地方煤矿安全监管机构和煤矿企业将向稳定均衡点 $Y_1^* = (0,0)^T$ 演进,即地方煤矿安全监管机构会选择不认真履行对其属地煤矿企业的监管职能,煤矿企业选择不按照国家相关的法律、法规和安全标准等进行安全投入。

(2)当 $i+k<h<i+m$ 时,地方煤矿安全监管机构和煤矿企业将向稳定均衡点 $Y_2^* = (0,1)^T$ 演进,即地方煤矿安全监管机构会选择不认真履行对其属地煤矿企业的监管职能,煤矿企业选择按照国家相关的法律、法规和安全标准等进行安全投入。

(3)当 $k>m$ 且 $h>i+k$,或 $m-l<k<m$ 且 $h>i+m$,或 $i+k<h<i+m$ 且 $k>m-l$ 时,地方监管机构和煤矿企业将向稳定均衡点 $Y_3^* = (1,0)^T$ 演进,即地方煤矿安全监管机构会选择认真履行对其属地煤矿企业的监管职能,煤矿企业选择不按照国家相关的法律、法规和安全标准等进行安全投入。

(4)当 $i+m<h<i+k$ 时,地方煤矿安全监管机构和煤矿企业将向稳定均

衡点 $Y_4^* = (1,1)^{\mathrm{T}}$ 演进，即地方煤矿安全监管机构会选择认真履行对其属地煤矿企业的监管职能，煤矿企业选择按照国家相关的法律、法规和安全标准等进行安全投入。

（5）当 $k > m$ 且 $h < i + m$，或 $k < m$ 且 $h < i + k$ 时，地方煤矿安全监管机构和煤矿企业将向稳定均衡点 $Y_2^* = (0,1)^{\mathrm{T}}$ 和 $Y_4^* = (1,1)^{\mathrm{T}}$ 演进，即地方煤矿安全监管机构会选择认真或不认真履行对其属地煤矿企业的监管职能，煤矿企业选择按照国家相关的法律、法规和安全标准等进行安全投入。

（6）当存在以上 5 种情况之外时，地方煤矿安全监管机构和煤矿企业之间的演化博弈不存在演化稳定策略，博弈过程难以控制。

5.3.3　国家煤矿安全监察机构与地方煤矿安全监管机构间演化博弈分析

5.3.3.1　博弈模型假定及描述

依据《煤矿安全监察条例》、《关于完善煤矿安全监察体制的意见》（国办发〔2004〕79 号）以及《关于进一步加强煤矿安全生产工作的意见》（国办发〔2013〕99 号）中有关国家煤矿安全监察机构对煤矿企业的监察职责，对国家煤矿安全监察机构与地方煤矿安全监管机构之间在有限理性下的长期动态博弈过程进行分析。

假定国家煤矿安全监察机构群体在煤矿安全监察过程中以比率 α（$0 \leqslant \alpha \leqslant 1$）对煤矿企业是否按照国家相关的法律、法规和安全标准等进行安全投入的状况进行监察。由于地方政府往往比中央政府具有更多的煤矿企业的安全生产状况信息，且地方政府能从煤矿经营中获得较大利益，因此，代表中央政府利益的国家煤矿安全监察机构对煤矿企业进行监察需支付成本 a。如果国家煤矿安全监察机构监察疏忽，煤矿企业发生事故的概率上升，导致其将承担后期的期望损失成本 b。地方煤矿安全监管机构认真对其属地煤矿企业进行日常安全监管工作的比率为 γ（$0 \leqslant \gamma \leqslant 1$）；如果地方煤矿安全监管机构忽视职责而进行寻租，煤矿企业发生事故的概率会上升，导致其将承担后期的期望损失成本 l（包含受到的惩罚），同时将获得来自违规煤矿企业的贿赂 m。国家煤矿安全监察机构和地方煤矿安全监管机构只要有一方认真履行职责，煤矿企业就不会出现不按照国家相关的法律、法规和安全标准等进行安全投入的现象。由以上基本假定及描述可得到国家煤矿安全监察机构与地方煤矿安全监管机构之间的博弈收益矩阵如表 5-18 所列。

表 5-18　　国家煤矿安全监察机构与地方煤矿安全监管机构间的博弈收益矩阵

地方煤矿安全监管机构		认真监管	不认真监管
国家煤矿安全监察机构	认真监察	$-a;0$	$-a;0$
	不认真监察	$0;0$	$-b;-l+m$

5.3.3.2　博弈模型适应度分析

由以上假定国家煤矿安全监察机构认真履行监察策略的比率为 α,不认真履行监察策略的比率为 $1-\alpha(0 \leqslant \alpha \leqslant 1)$;地方煤矿安全监管机构认真履行监管职能策略的比率为 γ,不认真履行监管职能策略的比率为 $1-\gamma(0 \leqslant \gamma \leqslant 1)$。则国家煤矿安全监察机构对煤矿企业认真履行监察职能时和不认真履行监察职能时的适应度分别为:

$$U_a = \gamma(-a) + (1-\gamma)(-a) = -a \tag{5-50}$$

$$U_{1-a} = \gamma \times 0 + (1-\gamma)(-b) = -b + \gamma b \tag{5-51}$$

根据上述计算,国家煤矿安全监察机构的平均适应度为:

$$\overline{U} = \alpha U_a + (1-\alpha)U_{1-a} \tag{5-52}$$

假定时间是连续的并且国家煤矿安全监察机构会倾向于学习和模仿相对有较高回报的博弈策略行为。

令国家煤矿安全监察机构采取认真监察策略时的概率变化率为 $\dfrac{\mathrm{d}\alpha}{\mathrm{d}t}$,则:

$$\frac{\mathrm{d}\alpha}{\mathrm{d}t} = \alpha(U_a - \overline{U}) = \alpha(1-\alpha)(U_a - U_{1-a}) \tag{5-53}$$

将式(5-50)、式(5-51)和式(5-52)代入式(5-53),可得国家煤矿安全监察机构群体的复制动态方程如下:

$$\frac{\mathrm{d}\alpha}{\mathrm{d}t} = \alpha(1-\alpha)(U_a - U_{1-a}) = \alpha(1-\alpha)(-\gamma b - a + b) \tag{5-54}$$

同理,地方煤矿安全监管机构对煤矿企业认真履行监管职能时和不认真履行监管职能时的适应度分别为:

$$U_\gamma = \alpha \times 0 + (1-\alpha) \times 0 = 0 \tag{5-55}$$

$$U_{1-\gamma} = \alpha \times 0 + (1-\alpha)(-l+m) = -l + m - \alpha(-l+m) \tag{5-56}$$

根据上述计算,地方煤矿安全监管机构的平均适应度为:

$$\overline{U} = \gamma U_\gamma + (1-\gamma)U_{1-\gamma} \tag{5-57}$$

令地方煤矿安全监管机构采取认真监管策略时的概率变化率为 $\dfrac{\mathrm{d}\gamma}{\mathrm{d}t}$,则:

$$\frac{\mathrm{d}\gamma}{\mathrm{d}t} = \gamma(U_\gamma - \overline{U}) = \gamma(1-\gamma)(U_\gamma - U_{1-\gamma}) \tag{5-58}$$

将式(5-55)、式(5-56)和式(5-57)代入式(5-58)，可得地方煤矿安全监管机构群体的复制动态方程如下：

$$\frac{d\gamma}{dt}=\gamma(1-\gamma)(U_\gamma-U_{1-\gamma})=\gamma(1-\gamma)(1-\alpha)(l-m) \tag{5-59}$$

令 $F(\alpha,\gamma)=\dfrac{d\alpha}{dt}, H(\alpha,\gamma)=\dfrac{d\gamma}{dt}$，则复制动态方程式(5-54)和式(5-59)描述了国家煤矿安全监察机构群体和地方煤矿安全监管机构群体演化系统的群体动态，如下式所列：

$$\begin{cases} F(\alpha,\gamma)=\dfrac{d\alpha}{dt}=\alpha(1-\alpha)(-\gamma b-a+b) \\ H(\alpha,\gamma)=\dfrac{d\gamma}{dt}=\gamma(1-\gamma)(1-\alpha)(l-m) \end{cases} \tag{5-60}$$

令 $f(X)=\begin{Bmatrix} F(\alpha,\gamma) \\ H(\alpha,\gamma) \end{Bmatrix}=0$，可得系统复制动态方程的均衡点如下所列：

$$\boldsymbol{Z}_1^*=\begin{pmatrix}0\\0\end{pmatrix}, \boldsymbol{Z}_2^*=\begin{pmatrix}0\\1\end{pmatrix}, \boldsymbol{Z}_3^*=\begin{pmatrix}1\\0\end{pmatrix}, \boldsymbol{Z}_4^*=\begin{pmatrix}1\\1\end{pmatrix}, \boldsymbol{Z}_5^*=\begin{pmatrix}1\\\gamma_5^*\end{pmatrix}$$

其中：

$$\gamma_5^*=\frac{b-a}{b}$$

令 $0<\gamma_5^*<1$，可得：$a<b$。

根据弗里德曼提出的通过分析均衡点时系统的雅可比矩阵的行列式值和迹值的符号，可以得到系统复制动态方程均衡点的稳定性，即是否存在演化稳定策略(ESS)，该系统的雅可比矩阵为：

$$\boldsymbol{J}=\begin{bmatrix} (1-2\alpha)(-\gamma b-a+b) & -\alpha(1-\alpha)b \\ -\beta(1-\beta)(l-m) & (1-2\beta)(1-\alpha)(l-m) \end{bmatrix} \tag{5-61}$$

由式(5-61)可知，矩阵 $\boldsymbol{J}$ 的行列式和迹分别为：

$$\det \boldsymbol{J}=(1-2\alpha)(-\gamma b-a+b)(1-2\beta)(1-\alpha)(l-m)-$$
$$\beta(1-\beta)(l-m)\alpha(1-\alpha)b \tag{5-62}$$

$$\text{tr}\,\boldsymbol{J}=(1-2\alpha)(-\gamma b-a+b)+(1-2\beta)(1-\alpha)(l-m) \tag{5-63}$$

5.3.3.3　博弈模型稳定均衡点分析

(1) 当 $a>b$ 时，$\gamma_5^*<0$，即 $\boldsymbol{Z}_5^*$ 不是复制动态方程的均衡点，因此，复制动态方程式(5-60)有 4 个均衡点，如下所列：

$$\boldsymbol{Z}_1^*=\begin{pmatrix}0\\0\end{pmatrix}, \boldsymbol{Z}_2^*=\begin{pmatrix}0\\1\end{pmatrix}, \boldsymbol{Z}_3^*=\begin{pmatrix}1\\0\end{pmatrix}, \boldsymbol{Z}_4^*=\begin{pmatrix}1\\1\end{pmatrix}$$

复制动态方程 4 个均衡点的行列式值和迹值如表 5-19 所列：

表 5-19　国家煤矿安全监察机构和地方煤矿安全监管机构在
情形 1 下的稳定均衡点分析

均衡点	det J	det J 符号	tr J	tr J 符号	局部稳定性
$\boldsymbol{Z}_1^*$	$(-a+b)(l-m)$	$<0,(l>m)$	$(-a+b)+(l-m)$	不确定	不稳定点
		$>0,(l<m)$		<0	ESS
$\boldsymbol{Z}_2^*$	$a(l-m)$	$>0,(l>m)$	$-a-(l-m)$	<0	ESS
		$<0,(l<m)$		不确定	不稳定点
$\boldsymbol{Z}_3^*$	0	<0	$-(-a+b)$	>0	不稳定点
$\boldsymbol{Z}_4^*$	0	$=0$	a	>0	不稳定点

由表 5-19 可知,当 $a>b$ 且 $l<m$ 时,复制动态方程的稳定均衡点是 $\boldsymbol{Z}_1^*=(0,0)^{\mathrm{T}}$,这说明当国家煤矿安全监察机构的监察成本高于其不执行监察职能而造成的期望损失,同时地方煤矿安全监管机构因忽视职责而进行寻租带来的期望损失小于来自违规煤矿企业的贿赂时,国家煤矿安全监察机构和地方煤矿安全监管机构开始以随机的概率进行策略选择,最终会通过动态演化博弈而演化到稳定均衡点 $\boldsymbol{Z}_1^*=(0,0)^{\mathrm{T}}$,即国家煤矿安全监察机构和地方煤矿安全监管机构都不认真履行自己的职能。

当 $a>b$ 且 $l>m$ 时,复制动态方程的稳定均衡点是 $\boldsymbol{Z}_2^*=(0,1)^{\mathrm{T}}$,这说明当国家煤矿安全监察机构的监察成本高于其不执行监察职能而造成的期望损失,同时地方煤矿安全监管机构因忽视职责而进行寻租带来的期望损失高于来自违法煤矿企业的贿赂时,国家煤矿安全监察机构和地方煤矿安全监管机构开始以随机的概率进行策略选择,最终会通过动态演化博弈而演化到稳定均衡点 $\boldsymbol{Z}_2^*=(0,1)^{\mathrm{T}}$,即国家煤矿安全监察机构选择不认真执行监察职能,地方煤矿安全监管机构认真对其属地煤矿企业进行日常安全监管工作。

(2) 当 $a<b$ 时,复制动态方程式(5-60)有 5 个均衡点,如下所列:

$$\boldsymbol{Z}_1^*=\begin{pmatrix}0\\0\end{pmatrix},\boldsymbol{Z}_2^*=\begin{pmatrix}0\\1\end{pmatrix},\boldsymbol{Z}_3^*=\begin{pmatrix}1\\0\end{pmatrix},\boldsymbol{Z}_4^*=\begin{pmatrix}1\\1\end{pmatrix},\boldsymbol{Z}_5^*=\begin{pmatrix}1\\\gamma_5^*\end{pmatrix}$$

其中:

$$\gamma_5^*=\frac{b-a}{b}$$

复制动态方程 5 个均衡点的行列式值和迹值如表 5-20 所列:

表 5-20   国家煤矿安全监察机构和地方煤矿安全监管机构在
情形 2 下的稳定均衡点分析

均衡点	det J	det J 符号	tr J	tr J 符号	局部稳定性
Z_1^*	$(-a+b)(l-m)$	$>0,(l>m)$	$(-a+b)+(l-m)$	>0	不稳定点
		$<0,(l<m)$		不确定	不稳定点
Z_2^*	$a(l-m)$	$>0,(l>m)$	$-a-(l-m)$	<0	ESS
		$<0,(l<m)$		不确定	不稳定点
Z_3^*	0	<0	$-(-a+b)$	<0	ESS
Z_4^*	0	$=0$	a	>0	不稳定点
Z_5^*	0	$=0$	0	$=0$	中心

由表 5-20 可知,当 $a<b$ 且 $l>m$ 时,复制动态方程的稳定均衡点是 $Z_2^* = (0,1)^T$ 和 $Z_3^* = (1,0)^T$。这说明当国家煤矿安全监察机构的监察成本低于其不执行监察职能而造成的期望损失,同时地方煤矿安全监管机构因忽视职责而进行寻租带来的期望损失高于来自违规煤矿企业的贿赂时,国家煤矿安全监察机构和地方煤矿安全监管机构开始以随机的概率进行策略选择,最终会通过动态演化博弈而演化到稳定均衡点 $Z_2^* = (0,1)^T$ 或 $Z_3^* = (1,0)^T$,即国家煤矿安全监察机构选择不认真执行监察职能,地方煤矿安全监管机构认真对其属地煤矿企业进行日常安全监管工作;或国家煤矿安全监察机构选择认真执行监察职能,地方煤矿安全监管机构选择认真履行对其属地煤矿企业进行日常安全监管工作而进行寻租。

当 $a<b$ 且 $l<m$ 时,复制动态方程的稳定均衡点是 $Z_3^* = (1,0)^T$,这说明当国家煤矿安全监察机构的监察成本低于其不执行监察职能而造成的期望损失,同时地方煤矿安全监管机构因忽视职责而进行寻租带来的期望损失低于来自违规煤矿企业的贿赂时,国家煤矿安全监察机构和地方煤矿安全监管机构开始以随机的概率进行策略选择,最终会通过动态演化博弈而演化到稳定均衡点 $Z_3^* = (1,0)^T$,即国家煤矿安全监察机构选择认真执行监察职能,地方煤矿安全监管机构选择认真履行对其属地煤矿企业进行日常安全监管工作而进行寻租。

5.3.3.4 结论

通过分析国家煤矿安全监察机构和地方煤矿安全监管机构之间的演化博弈,得出以下结论:

(1) 当 $a>b$ 且 $l<m$ 时,国家煤矿安全监察机构和地方煤矿安全监管机构将向稳定均衡点 $Z_1^* = (0,0)^T$ 演进,即国家煤矿安全监察机构和地方煤矿安全监管机构都不认真履行自己的职能。

（2）当 $a>b$ 且 $l>m$ 时，国家煤矿安全监察机构和地方煤矿安全监管机构将向稳定均衡点 $\boldsymbol{Z}_2^* =(0,1)^{\mathrm{T}}$ 演进，即国家煤矿安全监察机构选择不认真执行监察职能，地方煤矿安全监管机构选择认真履行对其属地煤矿企业进行日常安全监管工作。

（3）当 $a<b$ 且 $l<m$ 时，国家煤矿安全监察机构和地方煤矿安全监管机构将向稳定均衡点 $\boldsymbol{Z}_3^* =(1,0)^{\mathrm{T}}$ 演进，即国家煤矿安全监察机构选择认真执行监察职能，地方煤矿安全监管机构选择认真履行对其属地煤矿企业进行日常安全监管工作而进行寻租。

（4）当 $a<b$ 且 $l>m$ 时，国家煤矿安全监察机构和地方煤矿安全监管机构将向稳定均衡点 $\boldsymbol{Z}_2^* =(0,1)^{\mathrm{T}}$ 或 $\boldsymbol{Z}_3^* =(1,0)^{\mathrm{T}}$ 演进，即国家煤矿安全监察机构选择不认真执行监察职能，地方煤矿安全监管机构选择认真履行对其属地煤矿企业进行日常安全监管工作；或国家煤矿安全监察机构选择认真执行监察职能，地方煤矿安全监管机构选择认真履行对其属地煤矿企业进行日常安全监管工作而进行寻租。

5.4　煤矿安全监察监管系统演化博弈模型分析

中国煤矿安全监察监管的系统演化博弈，即国家煤矿安全监察机构、地方煤矿安全监管机构与煤矿企业三个种群之间的演化博弈，如图 5-3 所示，依据《煤矿安全监察条例》、《关于完善煤矿安全监察体制的意见》（国办发〔2004〕79 号）以及《关于进一步加强煤矿安全生产工作的意见》（国办发〔2013〕99 号）中有关国家煤矿安全监察机构和地方煤矿安全监管机构对煤矿企业的监察和监管职责，并在现行煤矿安全监察监管系统存在的问题的基础上，作出如下假定以分析三个种群之间在有限理性下的长期动态博弈过程。

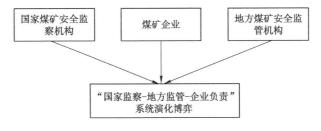

图 5-3　煤矿安全监察监管系统演化博弈示意图

5.4.1 博弈模型假定及描述

鉴于上一章分析了中国现行煤矿安全监察监管机构存在的诸多不足,本节提取一些有关煤矿安全监察监管机构的改善对策,即增强国家煤矿安全监察机构的权威性,强化国家煤矿安全监察机构的监察职能,赋予其更加强大的行政处罚权和强制执行权;规范国家煤矿安全监察机构对地方煤矿安全监管机构安全监管职责履行情况的专项行政监察权,将煤矿安全监管的相关处罚权等逐步统一收归国家煤矿安全监察机构承担;国家煤矿安全监察机构对地方政府、所属部门及相关人员以及煤矿企业具有作出行政处分、惩罚和激励等监察决定;国家煤矿安全监察机构应该创新煤矿安全监察监管合作服务执法手段,尝试多元合作监管模式改革等,依据如上假设,我们进行如下描述。

在目前"国家监察-地方监管-企业负责"的煤矿安全监察监管系统工作格局下,由于地方政府往往比中央政府具有更多的煤矿企业的安全生产状况信息,且地方政府能从煤矿经营中获得较大利益,因此,代表中央政府利益的国家煤矿安全监察机构对煤矿企业进行监察需支付成本 a。假定国家煤矿安全监察机构与煤矿企业之间不存在贿赂的现象,而地方煤矿安全监管机构与煤矿企业之间存在贿赂的现象,他们之间的信息为不完全信息;国家煤矿安全监察机构执法能力足够强,不存在违规煤矿企业逃避处罚的情况,一旦监察违规企业就能监察出其违规程度。国家煤矿安全监察机构群体在煤矿安全监察过程中以比率 $\alpha(0 \leqslant \alpha \leqslant 1)$ 对煤矿企业的安全生产状况进行监察,监察比率 α 的高低代表着监察力度的强弱; $\alpha=0$ 或 1 意味着国家煤矿安全监察机构对煤矿企业不监察或实时监察,实时地对煤矿企业进行全面监察的成本是很高的,因此,监察次数的有限性是一种常态。如果国家煤矿安全监察机构由于监察疏忽,煤矿企业发生事故的概率上升导致其将承担后期的期望损失成本 b;如果监察机构在对煤矿企业的安全生产状况进行监察的过程中,发现其存在违法行为将对其进行处罚 c,反之监察效果良好则进行奖励 e;同时,国家煤矿安全监察机构在对煤矿企业安全生产行为进行监察的同时也对地方煤矿安全监管机构的煤矿安全生产监管工作进行监督检查,如果发现其忽视监管职责,将对其进行处罚 d,反之监督检查效果良好则进行奖励 f。

假定煤矿企业群体以比率 $\beta(0 \leqslant \beta \leqslant 1)$ 按照国家相关的法律、法规和安全标准等进行安全投入,同样 $1-\beta$ 值的高低代表煤矿企业违规行为的严重程度。煤矿企业正常生产所获得的收益为 g,而采取违规操作行为时,将节约安全投入成本 h,获得违规操作收益,同时将导致煤矿事故发生概率上升,其将承担后期的期望损失,期望损失不仅包括事故赔偿,还包括煤矿企业为寻求地方煤矿安全监管机构的庇护而支付的租金,假设煤矿企业寻租成功时其总期望损失为 i,寻租失败时总期望损失为 j。

假定地方煤矿安全监管机构群体以比率 $\gamma(0 \leqslant \gamma \leqslant 1)$ 对其属地煤矿企业进行日常安全监管工作,比率 γ 的高低代表着监管力度的强弱,$\gamma=1$ 意味着地方煤矿安全监管机构严格履行自己的监管职责,$\gamma=0$ 则说明其忽视其职责,不进行监管,甚至利用自己的权利进行寻租。假定地方煤矿安全监管机构履行自己的监管职责获得的收益为 k,而如果其忽视职责而进行寻租时,将获得来自煤矿企业的纯租金 m,同时将承担后期的期望损失成本 l(包含受到的惩罚)。上述煤矿安全监察监管系统演化博弈模型变量如表 5-21 所列。

表 5-21　　　　　　　　　演化博弈模型变量及其含义

变量	变量含义	备注
α	国家煤矿安全监察机构监察比率	$0 \leqslant \alpha \leqslant 1$
β	煤矿企业进行安全投入比率	$0 \leqslant \beta \leqslant 1$
γ	地方煤矿安全监管机构监管比率	$0 \leqslant \gamma \leqslant 1$
a	国家煤矿安全监察机构监察成本	$a > 0$
b	国家煤矿安全监察机构忽视监察期望损失	$b > 0$
c	国家煤矿安全监察机构对煤矿企业处罚	$c > 0$
d	国家煤矿安全监察机构监督检查地方煤矿安全监管机构处罚	$c > d$
e	国家煤矿安全监察机构对煤矿企业奖励	$e > 0$
f	国家煤矿安全监察机构监督检查地方煤矿安全监管机构奖励	$e > f$
g	煤矿企业正常生产收益	$g > 0$
h	煤矿企业安全投入成本	$h > 0$
i	煤矿企业寻租成功时总期望损失成本	$i < h$
j	煤矿企业寻租失败时总期望损失成本	$j < i$
k	地方煤矿安全监管机构监管收益	$k > 0$
l	地方煤矿安全监管机构忽视职责期望损失成本	$l > 0$
m	地方煤矿安全监管机构寻租成功时的纯租金	$l < m < i$

由以上基本假定和描述可得国家煤矿安全监察机构、地方煤矿安全监管机构与煤矿企业的博弈的收益矩阵如图 5-4 所示。

5.4.2　博弈模型适应度分析

根据演化博弈思想,在煤矿安全监察监管过程中,某一群体中的个体利用模

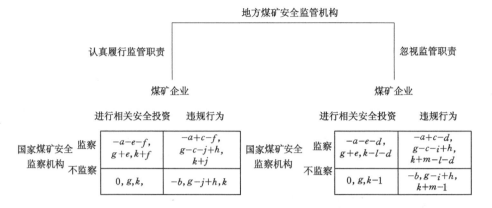

图 5-4　国家煤矿安全监察机构、地方煤矿安全监管机构和煤矿企业的收益矩阵(a)

仿(复制)动态来描述其自身的学习演化机制,其通过观察并对比自身与同种群中其他个体的收益来进行模仿和学习,从而调整自己的策略选择,其中比率可以解释为某一群体博弈中选取该策略的参与者比例。

国家煤矿安全监察机构选择监察的适应度为 U_{α},选择不监察的适应度为 $U_{1-\alpha}$,则:

$$U_{\alpha} = \beta\gamma(-a-e-f)+\beta(1-\gamma)(-a-e+d)+(1-\beta)\gamma(-a+c-f)+$$
$$(1-\beta)(1-\gamma)(-a+c+d)$$
$$=-a+c+d-\beta(c+e)-\gamma(d+f) \tag{5-64}$$

$$U_{1-\alpha} = \beta\gamma\times 0+\beta(1-\gamma)\times 0+(1-\beta)\gamma(-b)+(1-\beta)(1-\gamma)(-b)$$
$$=-b(1-\beta) \tag{5-65}$$

由此,国家煤矿安全监察机构的平均适应度为:

$$\overline{U}_{\alpha,1-\alpha}=\alpha U_{\alpha}+(1-\alpha)U_{1-\alpha} \tag{5-66}$$

根据演化博弈中模仿动态的思想,若在某一时刻国家煤矿安全监察机构群体中采取监察的比率为 α,则在下一时刻其监察比率的变化率与现在时刻的监察比率以及对应时刻的监察纯策略适应度与平均适应度之间的差距有关,即其监察变化率为:

$$\frac{d\alpha}{dt}=\alpha(U_{\alpha}-\overline{U}_{\alpha,1-\alpha})=\alpha\{U_{\alpha}-[\alpha U_{\alpha}+(1-\alpha)U_{1-\alpha}]\}=\alpha(1-\alpha)(U_{\alpha}-U_{1-\alpha})$$

$$\tag{5-67}$$

令 $F(\alpha,\beta,\gamma)=\dfrac{d\alpha}{dt}$,将式(5-64)、式(5-65)和式(5-66)代入式(5-67),整理可得:

$$F(\alpha,\beta,\gamma)=\frac{\mathrm{d}\alpha}{\mathrm{d}t}$$
$$=\alpha(1-\alpha)\big[\beta\gamma(-a-e-f)+\beta(1-\gamma)(-a-e+d)+(1-\beta)\gamma$$
$$(-a+c-f+b)+(1-\beta)(1-\gamma)(-a+c+d+b)\big] \tag{5-68}$$

同理可以得到煤矿企业和地方煤矿安全监管机构策略选择的变化率。

煤矿企业选择按照国家相关的法律、法规和安全标准等进行安全投入的适应度为 U_β,违规行为的适应度为 $U_{1-\beta}$,则:

$$U_\beta=\alpha\gamma(g+e)+\alpha(1-\gamma)(g+e)+(1-\alpha)\gamma g+(1-\alpha)(1-\gamma)g=\alpha e+g \tag{5-69}$$

$$U_{1-\beta}=\alpha\gamma(g-c-j+h)+\alpha(1-\gamma)(g-c-i+h)+$$
$$(1-\alpha)\gamma(g-j+h)+(1-\alpha)(1-\gamma)(g-i+h)$$
$$=g-i+h-\alpha c+\gamma(i-j) \tag{5-70}$$

由此,煤矿企业的平均适应度为:

$$\overline{U}_{\beta,1-\beta}=\beta U_\beta+(1-\beta)U_{1-\beta} \tag{5-71}$$

煤矿企业选择按照国家相关的法律、法规等进行安全投入的变化率为:

$$\frac{\mathrm{d}\beta}{\mathrm{d}t}=\beta(U_\beta-\overline{U}_{\beta,1-\beta})=\beta\{U_\beta-[\beta U_\beta+(1-\beta)U_{1-\beta}]\}=\beta(1-\beta)(U_\beta-U_{1-\beta}) \tag{5-72}$$

令 $G(\alpha,\beta,\gamma)=\dfrac{\mathrm{d}\beta}{\mathrm{d}t}$,将式(5-69)、式(5-70)和式(5-71)代入式(5-72),整理可得:

$$G(\alpha,\beta,\gamma)=\frac{\mathrm{d}\beta}{\mathrm{d}t}$$
$$=\beta(1-\beta)\alpha\gamma(e+c+j-h)+\alpha(1-\gamma)(e+c+i-h)+$$
$$(1-\alpha)\gamma(j-h)+(1-\alpha)(1-\gamma)(i-h) \tag{5-73}$$

地方煤矿安全监管机构选择认真履行监管职责的适应度为 U_γ,忽视监管职责的适应度为 $U_{1-\gamma}$,则:

$$U_\gamma=\alpha\beta(k+f)+\alpha(1-\beta)(k+f)+(1-\alpha)\beta k+(1-\alpha)(1-\beta)k=k+\alpha f \tag{5-74}$$

$$U_{1-\gamma}=\alpha\beta(k-l-d)+\alpha(1-\beta)(k+m-l-d)+(1-\alpha)\beta(k-l)+$$
$$(1-\alpha)(1-\beta)(k+m-l)$$
$$=k+m-l-\alpha d-\beta m \tag{5-75}$$

由此,地方煤矿安全监管机构的平均适应度为:

$$\overline{U}_{\gamma,1-\gamma}=\gamma U_\gamma+(1-\gamma)U_{1-\gamma} \tag{5-76}$$

地方煤矿安全监管机构选择严格履行监管职责的变化率为:

$$\frac{\mathrm{d}\gamma}{\mathrm{d}t}=\gamma(U_\gamma-\overline{U}_{\gamma,1-\gamma})=\gamma\{U_\gamma-[\gamma U_\gamma+(1-\gamma)U_{1-\gamma}]\}=\gamma(1-\gamma)(U_\gamma-U_{1-\gamma})$$

$$(5\text{-}77)$$

令 $H(\alpha,\beta,\gamma)=\dfrac{\mathrm{d}\gamma}{\mathrm{d}t}$,将式(5-74)、式(5-75)和式(5-76)代入式(5-77),整理可得:

$$H(\alpha,\beta,\gamma)=\frac{\mathrm{d}\gamma}{\mathrm{d}t}$$
$$=\gamma(1-\gamma)[\alpha\beta(f+l+d)+\alpha(1-\beta)(f-m+l+d)+$$
$$(1-\alpha)\beta l+(1-\alpha)(1-\beta)(-m+l)] \qquad (5\text{-}78)$$

综上,式(5-68)、式(5-73)和式(5-78)描述了整个煤矿安全监察监管系统演化博弈的群体动态,该系统博弈的群体动态可用如下三个复制动态方程表示:

$$\begin{cases} F(\alpha,\beta,\gamma)=\dfrac{\mathrm{d}\alpha}{\mathrm{d}t}=\alpha(1-\alpha)[\beta\gamma(-a-e-f)+\beta(1-\gamma)(-a-e+d)+ \\ \qquad\qquad (1-\beta)\gamma(-a+c-f+b)+(1-\beta)(1-\gamma)(-a+c+d+b)] \\[2mm] G(\alpha,\beta,\gamma)=\dfrac{\mathrm{d}\beta}{\mathrm{d}t}=\beta(1-\beta)[\alpha\gamma(e+c+j-h)+\alpha(1-\gamma)(e+c+i-h)+ \\ \qquad\qquad (1-\alpha)\gamma(j-h)+(1-\alpha)(1-\gamma)(i-h)] \\[2mm] H(\alpha,\beta,\gamma)=\dfrac{\mathrm{d}\gamma}{\mathrm{d}t}=\gamma(1-\gamma)[\alpha\beta(f+l+d)+\alpha(1-\beta)(f-m+l+d)+ \\ \qquad\qquad (1-\alpha)\beta l+(1-\alpha)(1-\beta)(-m+l)] \end{cases}$$

整理得:

$$\begin{cases} F(\alpha,\beta,\gamma)=\dfrac{\mathrm{d}\alpha}{\mathrm{d}t}=\alpha(1-\alpha)[-a+b+c+d-\beta(b+c+e)-\gamma(d+f)] \\[2mm] G(\alpha,\beta,\gamma)=\dfrac{\mathrm{d}\beta}{\mathrm{d}t}=\beta(1-\beta)[i-h+\alpha(c+e)+\gamma(j-i)] \\[2mm] H(\alpha,\beta,\gamma)=\dfrac{\mathrm{d}\gamma}{\mathrm{d}t}=\gamma(1-\gamma)[l-m+\alpha(d+f)+\beta m] \end{cases} \qquad (5\text{-}79)$$

复制动态方程反映了博弈方学习的速度和方向,当其为零时,则表明学习的速度为零,此时该博弈已达到一种相对稳定的均衡状态。

$$令\ f(X)=\begin{cases} F(\alpha,\beta,\gamma)=\dfrac{\mathrm{d}\alpha}{\mathrm{d}t} \\[2mm] G(\alpha,\beta,\gamma)=\dfrac{\mathrm{d}\beta}{\mathrm{d}t} \\[2mm] H(\alpha,\beta,\gamma)=\dfrac{\mathrm{d}\gamma}{\mathrm{d}t} \end{cases}=0,可得煤矿安全监察监管演化系统的均衡$$

解为：

$$\boldsymbol{X}_1 = \begin{pmatrix} 0 \\ 0 \\ 0 \end{pmatrix}, \boldsymbol{X}_2 = \begin{pmatrix} 0 \\ 1 \\ 0 \end{pmatrix}, \boldsymbol{X}_3 = \begin{pmatrix} 0 \\ 1 \\ 1 \end{pmatrix}, \boldsymbol{X}_4 = \begin{pmatrix} 0 \\ 0 \\ 1 \end{pmatrix},$$

$$\boldsymbol{X}_5 = \begin{pmatrix} 1 \\ 0 \\ 0 \end{pmatrix}, \boldsymbol{X}_6 = \begin{pmatrix} 1 \\ 1 \\ 0 \end{pmatrix}, \boldsymbol{X}_7 = \begin{pmatrix} 1 \\ 0 \\ 1 \end{pmatrix}, \boldsymbol{X}_8 = \begin{pmatrix} 1 \\ 1 \\ 1 \end{pmatrix},$$

$$\boldsymbol{X}_9 = \begin{pmatrix} 0 \\ \dfrac{-l+m}{m} \\ \dfrac{-h+i}{i-j} \end{pmatrix}, \boldsymbol{X}_{10} = \begin{pmatrix} 1 \\ \dfrac{-d-f-l+m}{m} \\ \dfrac{c+e-h+i}{i-j} \end{pmatrix}, \boldsymbol{X}_{11} = \begin{pmatrix} \dfrac{-l+m}{d+f} \\ 0 \\ \dfrac{-a+b+c+d}{d+f} \end{pmatrix},$$

$$\boldsymbol{X}_{12} = \begin{pmatrix} \dfrac{-l}{d+f} \\ 1 \\ \dfrac{-a+d-e}{d+f} \end{pmatrix}, \boldsymbol{X}_{13} = \begin{pmatrix} \dfrac{h-i}{c+e} \\ \dfrac{-a+b+c+d}{b+c+e}0 \end{pmatrix},$$

$$\boldsymbol{X}_{14} = \begin{pmatrix} \dfrac{h-j}{c+e} \\ \dfrac{-a+b+c-f}{b+c+e} \\ 1 \end{pmatrix}, \boldsymbol{X}_{15} = \begin{pmatrix} \alpha_{15} \\ \beta_{15} \\ \gamma_{15} \end{pmatrix}$$

其中：

$$\alpha_{15} = \frac{-(aim-bil-ajm+bjl-cil+cjl-dhm-eil-fhm+djm+ejl+eim-ejm+fim)}{(d+f)(bj-bi-ci+cj-ei+ej+cm+em)}$$

$$\beta_{15} = \frac{ai-aj-bi+bj-ci-dh+cj-fh+dj-cl+fi+cm-el+em}{bj-bi-ci+cj-ei+ej+cm+em}$$

$$\gamma_{15} = \frac{c^2l+e^2l-e^2m+bdh+cdh-bdi+bfh-cdi-acm+bcl+cfh-bfi+}{bdj-bdi-cdi-bfi+cdj+bfj-cfi+cfj-}$$

$$\xleftarrow{\hspace{2cm}} \frac{deh-cfi-dei-aem+bel+efh+cdm+2cel-efi-cem+dem}{dei+dej+cdm-efi+efj+cfm+dem+efm}$$

通过分析均衡点时系统的雅可比矩阵的行列式和迹值的符号，可以得到系统复制动态方程均衡点的稳定性，即是否存在演化稳定策略均衡（ESS），系统的雅可比矩阵为：

$$\boldsymbol{J} = \begin{bmatrix} A(1-2\alpha) & B\alpha(1-\alpha) & C\alpha(1-\alpha) \\ D\beta(1-\beta) & E(1-2\beta) & F\beta(1-\beta) \\ G\gamma(1-\gamma) & H\gamma(1-\gamma) & I(1-2\gamma) \end{bmatrix}$$

其中：

$A=-a+b+c+d-\beta(b+c+e)-\gamma(d+f)$,

$B=-(b+c+e), C=-(d+f), D=c+e$,

$E=i-h+\alpha(c+e)+\gamma(j-i), F=j-i$,

$G=d+f, H=m, I=l-m+\alpha(d+f)+\beta m$

通过系统的雅可比矩阵对所有的均衡点进行稳定性分析，理论上是可以做到的，但是考虑到计算量巨大烦琐，对各局中人的策略也难以合理制定。因此，可以考虑利用计算机仿真手段，通过对煤矿安全监察监管系统演化博弈过程进行建模与动态性分析，达到分析系统复制动态方程所有均衡点 $X_1 \sim X_{15}$ 的稳定性情况的目的。

5.5　本章小结

本章主要是针对煤矿安全监察监管机构存在的主要不足和国内外对煤矿安全监察监管相关研究的缺陷，从煤矿安全监察监管演化博弈视角进行分析，将中国煤矿安全监察监管的演化博弈划分为单种群演化博弈、两种群演化博弈和系统演化博弈。具体而言，单种群演化博弈包括国家煤矿安全监察机构之间监察行为的演化博弈、地方煤矿安全监管机构之间监管行为的演化博弈、煤矿企业之间安全生产行为的演化博弈；两种群演化博弈包括国家煤矿安全监察机构与地方煤矿安全监管机构之间的演化博弈、国家煤矿安全监察机构和煤矿企业之间的演化博弈、地方煤矿安全监管机构与煤矿企业之间的演化博弈；系统演化博弈是指国家煤矿安全监察机构、地方煤矿安全监管机构和煤矿企业三个种群之间的演化博弈。然后对上述煤矿安全监察监管单种群演化博弈模型、两种群演化博弈模型和系统演化博弈模型进行分析，结果表明：对于煤矿安全监察监管的单种群演化博弈模型和两种群演化博弈模型，可以通过分析均衡点时系统的雅可比矩阵的行列式值和迹值的符号判断其均衡点的稳定性；对于煤矿安全监察监管的系统演化博弈模型，此方法理论上是可以做到的，但是计算量巨大烦琐，且系统演化博弈过程具有复杂动态性，对各局中人的策略也难以合理制定。因此，可以考虑利用计算机仿真手段，通过对演化博弈过程进行建模与仿真分析，达到分析系统均衡点的稳定性情况的目的，且煤矿安全监察监管系统演化博弈问题的复杂动态性和多方参与的特点决定了将博弈模型动态性分析与不同策略的计算机仿真相结合的必要性。

第 6 章　中国煤矿安全监察监管系统演化 博弈模型仿真与稳定性研究

系统动力学(SD)是系统科学理论与计算机仿真紧密结合、研究系统反馈结构与行为的一门科学,同时,也是一门科学的建模学科,可以设计和制定出有效的管理政策。在中国煤矿安全监察监管系统演化博弈过程中,某一群体中个体利用模仿(复制)动态来描述其自身的学习演化机制,通过观察并对比自身与同种群中其他个体的收益来进行模仿和学习,从而调整自己的策略选择。因此,可以考虑用系统动力学来研究中国煤矿安全监察监管系统演化博弈的反馈结构,分析其演化博弈系统均衡点的稳定性。

6.1　煤矿安全监察监管系统演化博弈 SD 模型

根据上一章中国煤矿安全监察监管的系统演化博弈分析,本节采用 Vensim PLE 5.9c 软件建立中国煤矿安全监察监管的系统演化博弈系统动力学模型,该模型由 3 个子模型组成:国家煤矿安全监察机构子 SD 模型、地方煤矿安全监管机构子 SD 模型以及煤矿企业子 SD 模型,各子模型中的状态变量、流率变量以及中间变量间的函数关系由 5.4 节中相应的各复制动态方程确定。

6.1.1　国家煤矿安全监察机构子 SD 模型

国家煤矿安全监察机构子 SD 模型中含有 2 个状态变量、1 个速率变量、4 个中间变量和 6 个外部变量,在国家煤矿安全监察机构这一群体中,采取监察和不监察策略的国家煤矿安全监察机构比率分别用 2 个状态变量来表示,监察策略的变化率用速率变量来表示,外部变量对应表 6-1 中相应的 6 个变量,模型中状态变量、速率变量以及中间变量间的函数关系由 5.4 节煤矿安全监察监管系统演化博弈分析而确定。国家煤矿安全监察机构子 SD 模型如图 6-1 所示。

表 6-1　　　　　　　　　SD 模型中外部变量的初始值

变量	变量含义	变量取值
a	国家煤矿安全监察机构监察成本	1
b	国家煤矿安全监察机构忽视监察期望损失	5
c	国家煤矿安全监察机构对煤矿企业处罚	4
d	国家煤矿安全监察机构监督检查地方煤矿安全监管机构处罚	2
e	国家煤矿安全监察机构对煤矿企业奖励	2
f	国家煤矿安全监察机构监督检查地方煤矿安全监管机构奖励	1
g	煤矿企业正常生产收益	10
h	煤矿企业安全投入成本	4
i	煤矿企业寻租成功时总期望损失成本	2
j	煤矿企业寻租失败时总期望损失成本	1
k	地方煤矿安全监管机构监管收益	5
l	地方煤矿安全监管机构忽视职责期望损失	0.5
m	地方煤矿安全监管机构寻租成功时的纯租金	1.5

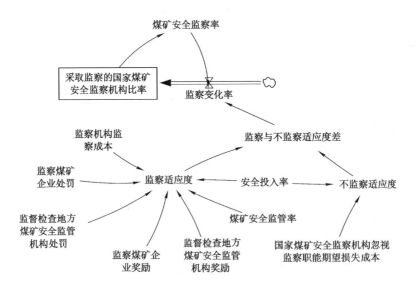

图 6-1　国家煤矿安全监察机构子 SD 模型图

6.1.2 地方煤矿安全监管机构子 SD 模型

地方煤矿安全监管机构子 SD 模型中含有 2 个状态变量、1 个速率变量、4 个中间变量和 5 个外部变量,在地方煤矿安全监管机构这一群体中,严格履行监管职责和忽视监管职责的地方煤矿安全监管机构比率分别用 2 个状态变量来表示,采取严格履行监管职责策略的变化率用速率变量来表示,外部变量对应表 6-1 中相应的 5 个变量,模型中状态变量、速率变量以及中间变量间的函数关系由 5.4 节煤矿安全监察监管系统速率变量演化博弈分析而确定。地方煤矿安全监管机构子 SD 模型如图 6-2 所示。

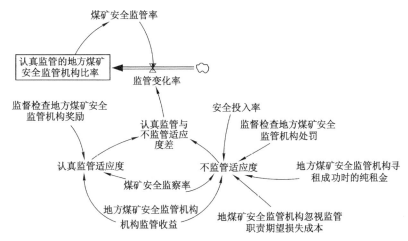

图 6-2 地方煤矿安全监管机构子 SD 模型图

6.1.3 煤矿企业子 SD 模型

煤矿企业子 SD 模型中含有 2 个状态变量、1 个速率变量、4 个中间变量和 6 个外部变量,在煤矿企业这一群体中,按照国家相关的法律、法规和安全标准等进行安全投入和不按照国家相关的法律、法规和安全标准等进行安全投入的煤矿企业比率分别用 2 个状态变量来表示,按照国家相关的法律、法规和安全标准等进行安全投入的变化率用速率变量来表示,外部变量对应表 6-1 中相应的 6 个变量,模型中状态变量、流率变量以及中间变量间的函数关系由 5.4 节煤矿安全监察监管系统演化博弈分析而确定。煤矿企业子 SD 模型如图 6-3 所示。

综上,在对煤矿安全监察监管系统演化博弈的国家煤矿安全监察机构子 SD 模型、地方煤矿安全监管机构子 SD 模型和煤矿企业子 SD 模型综合分析之后,得到煤矿安全监察监管的系统演化博弈总 SD 模型,如图 6-4 所示。

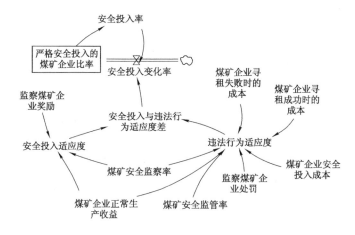

图 6-3　煤矿企业子 SD 模型图

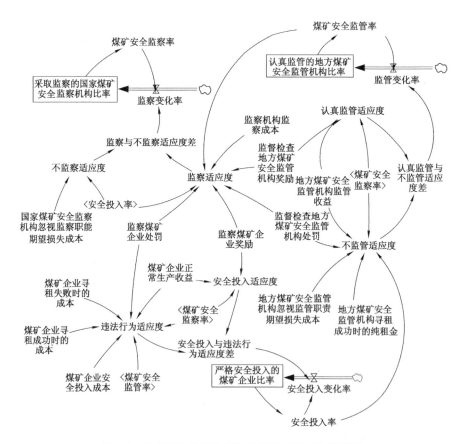

图 6-4　煤矿安全监察监管演化博弈系统 SD 模型图

6.2　煤矿安全监察监管系统演化博弈模型仿真与稳定性分析

模型设置如下：INITIAL TIME＝0，FINAL TIME＝100，TIME STEP＝0.031 25，Units for Time：Year，Integration Type：Euler，模型中各外部变量初始值通过专家调查问卷以及访谈法确定并对数据进行预处理，如表 6-1 所列。

将表 6-1 中外部变量的初始值代入煤矿安全监察监管系统演化博弈的收益矩阵中，如图 6-5 所示。

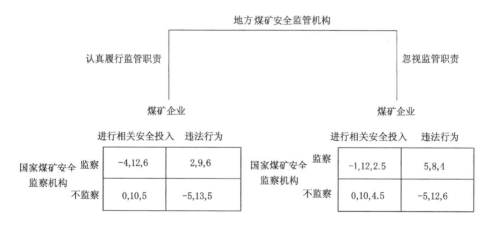

图 6-5　国家煤矿安全监察机构、地方煤矿安全监管机构和煤矿企业的收益矩阵（b）

由 5.4 节可知，煤矿安全监察监管系统演化博弈的群体动态可用如下复制动态方程组表示：

$$\begin{cases} F(\alpha,\beta,\gamma)=\dfrac{\mathrm{d}\alpha}{\mathrm{d}t}=\alpha(1-\alpha)\big[-a+b+c+d-\beta(b+c+e)-\gamma(d+f)\big] \\[2mm] G(\alpha,\beta,\gamma)=\dfrac{\mathrm{d}\beta}{\mathrm{d}t}=\beta(1-\beta)\big[i-h+\alpha(c+e)+\gamma(j-i)\big] \\[2mm] H(\alpha,\beta,\gamma)=\dfrac{\mathrm{d}\gamma}{\mathrm{d}t}=\gamma(1-\gamma)\big[l-m+\alpha(d+f)+\beta m\big] \end{cases}$$

即：

$$
\begin{cases}
F(\alpha,\beta,\gamma)=\dfrac{\mathrm{d}\alpha}{\mathrm{d}t}=\alpha(1-\alpha)(10-11\beta-3\gamma) \\[2mm]
G(\alpha,\beta,\gamma)=\dfrac{\mathrm{d}\beta}{\mathrm{d}t}=\beta(1-\beta)(-2+6\alpha-\gamma) \\[2mm]
H(\alpha,\beta,\gamma)=\dfrac{\mathrm{d}\gamma}{\mathrm{d}t}=\gamma(1-\gamma)(-1+3\alpha+1.5\beta)
\end{cases}
$$

令 $f(X)=\begin{cases}F(\alpha,\beta,\gamma)=\dfrac{\mathrm{d}\alpha}{\mathrm{d}t} \\[2mm] G(\alpha,\beta,\gamma)=\dfrac{\mathrm{d}\beta}{\mathrm{d}t} \\[2mm] H(\alpha,\beta,\gamma)=\dfrac{\mathrm{d}\gamma}{\mathrm{d}t}\end{cases}=0$,解得煤矿安全监察监管系统演化博弈的

所有均衡解为:

$$
\boldsymbol{X}_1=\begin{pmatrix}0\\0\\0\end{pmatrix},\boldsymbol{X}_2=\begin{pmatrix}0\\1\\0\end{pmatrix},\boldsymbol{X}_3=\begin{pmatrix}0\\1\\1\end{pmatrix},\boldsymbol{X}_4=\begin{pmatrix}0\\0\\1\end{pmatrix}
$$

$$
\boldsymbol{X}_5=\begin{pmatrix}1\\0\\0\end{pmatrix},\boldsymbol{X}_6=\begin{pmatrix}1\\1\\0\end{pmatrix},\boldsymbol{X}_7=\begin{pmatrix}1\\0\\1\end{pmatrix},\boldsymbol{X}_8=\begin{pmatrix}1\\1\\1\end{pmatrix}
$$

$$
\boldsymbol{X}_{13}=\left(\dfrac{1}{3},\dfrac{10}{11},0\right)^{\mathrm{T}},\boldsymbol{X}_{14}=\left(\dfrac{1}{2},\dfrac{7}{11},1\right)^{\mathrm{T}}
$$

6.2.1　纯策略均衡解稳定性分析

煤矿安全监察监管系统演化博弈群体的演化动态方程组有 8 个纯策略均衡解 $\boldsymbol{X}_1\sim\boldsymbol{X}_8$,以下分析系统演化博弈纯策略均衡解的稳定性。

以 $\boldsymbol{X}_1$ 为例,把 $\boldsymbol{X}_1$ 代入上述演化博弈系统 SD 模型进行仿真,得在此状态下系统的演化博弈状态如图 6-6 所示。

由图 6-6 发现在初始纯策略为纯策略均衡解 $\boldsymbol{X}_1$ 时,博弈三方都没有主动地改变自己的初始策略,群体中没有人采取新的策略,此时的博弈处于一种均衡的状态;同理,通过仿真发现在其他纯策略均衡解时,博弈三方也都没有改变自己的初始策略。但是这些纯策略均衡的状态都是不稳定的,存在路径依赖现象,以初始纯策略均衡解 $\boldsymbol{X}_1$ 为例,如果国家煤矿安全监察机构群体中存在很小部分个体发生突变,监察的比率由 $\alpha=0$ 突变为 $\alpha=0.01$,对此状态进行仿真,结果如图 6-7 所示。

图 6-7 说明纯策略均衡解 $\boldsymbol{X}_1$ 的均衡状态是不稳定的,不是演化稳定策略均衡,国家煤矿安全监察机构群体将由 $\alpha=0$ 向 $\alpha=1$ 的状态演进,即博弈的均衡状

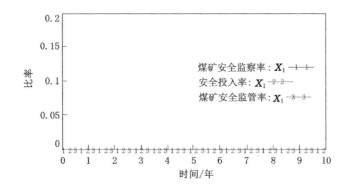

图 6-6　初始纯策略 X_1 的系统演化博弈过程

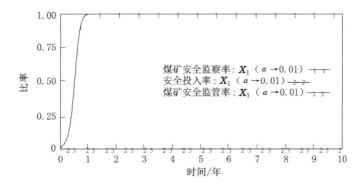

图 6-7　初始纯策略 X_1 突变 $\alpha \rightarrow 0.01$ 的系统演化博弈过程

态由 $X_1 \rightarrow X_5$ 演进。这是因为虽然国家煤矿安全监察机构群体中只有很小一部分的个体发生初始策略突变，但是由于这种突变具有较高的回报，因此会立刻成为其他个体模仿和学习的对象，最终导致群体向 $\alpha = 1$ 的状态演进，系统博弈的状态由 $X_1 \rightarrow X_5$ 演进。那么 X_5 的均衡状态是不是稳定的呢？假设在 X_5 的初始策略均衡解下，煤矿企业群体中有一部分个体初始策略发生突变，选择按照国家相关的法律、法规和安全标准等进行安全投入的比率由 $\beta = 0$ 突变为 $\beta = 0.3$，对此状态进行仿真，结果如图 6-8 所示。

图 6-8 说明纯策略均衡解 X_5 的均衡状态也是不稳定的，也不是演化稳定策略均衡，煤矿企业群体将向 $\alpha = 1$ 演进，系统博弈的均衡状态由 $X_5 \rightarrow X_6$ 演进。那么纯策略均衡解 X_6 的均衡状态是不是稳定的呢？假设在 X_6 的初始策略下，地方煤矿安全监管机构群体中有一部分个体初始策略发生突变，严格履行职责

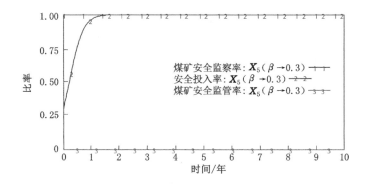

图 6-8   初始纯策略 X_5 突变 $\beta \rightarrow 0.3$ 的系统演化博弈过程

的比率由 $\gamma = 0$ 突变为 $\gamma = 0.1$,对此状态进行仿真,结果表明博弈的均衡状态由 $X_6 \rightarrow X_8$ 演进,如图 6-9 所示。

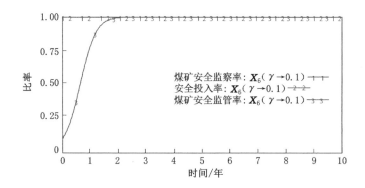

图 6-9   初始纯策略 X_6 突变 $\gamma \rightarrow 0.1$ 的系统演化博弈过程

那么纯策略均衡解 X_8 的均衡状态是不是稳定的呢? 假设在 X_8 的初始策略下,国家煤矿安全监察机构群体中有一部分个体初始策略发生突变,不执行监察职能,监察的比率由 $\alpha = 1$ 突变为 $\alpha = 0.8$,对此状态进行仿真,结果发现博弈的均衡状态由 $X_8 \rightarrow X_3$ 演进,即 X_8 不是演化稳定策略均衡,结果如图 6-10 所示。同理可得其他的纯策略均衡解也都是不稳定的,即所有纯策略均衡解 $X_1 \sim X_8$ 都不是演化稳定策略均衡。

综上,当博弈三方初始策略采取纯策略均衡解 $X_1 \sim X_8$ 时,通过仿真结果发现博弈三方都没有主动改变自己的初始策略,此时的博弈处于一种均衡的状态;但是这种均衡的状态都是不稳定的,是相对均衡的状态;当任何一个群体中的个体发生突变,都会导致系统均衡状态向其他纯策略均衡状态演化,即纯策略均衡

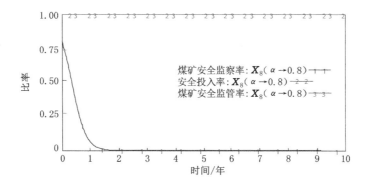

图 6-10　初始纯策略 $\boldsymbol{X}_8$ 突变 $\alpha \rightarrow 0.8$ 的系统演化博弈过程

解 $\boldsymbol{X}_1 \sim \boldsymbol{X}_8$ 都不是演化稳定策略均衡。

6.2.2　混合策略均衡解稳定性分析

　　煤矿安全监察监管系统演化博弈群体的演化动态方程组有 2 个混合策略均衡解 $\boldsymbol{X}_{13}$ 和 $\boldsymbol{X}_{14}$，以下分析系统演化博弈混合策略均衡解的稳定性。

$$\boldsymbol{X}_{13} = \left(\frac{1}{3}, \frac{10}{11}, 0 \right)^{\mathrm{T}}, \boldsymbol{X}_{14} = \left(\frac{1}{2}, \frac{7}{11}, 1 \right)^{\mathrm{T}}$$

　　以混合策略均衡解 $\boldsymbol{X}_{13}$ 为例，把其代入上述演化博弈系统 SD 模型进行仿真，得在此状态下系统的演化博弈过程如图 6-11 所示。

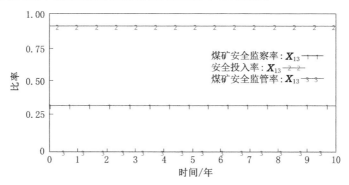

图 6-11　初始混合策略 $\boldsymbol{X}_{13}$ 的系统演化博弈过程

　　由图 6-11 发现在初始混合策略均衡解 $\boldsymbol{X}_{13}$ 时，博弈三方都没有主动改变自己的初始混合策略，随时间的变化都没有发生变化，群体中没有人采取新的策略，此时的博弈处于一种均衡的状态。但是这种混合策略均衡的状态是不稳定的，是相对均衡状态，如：国家煤矿安全监察机构群体中有一部分个体发生了突变，监察的

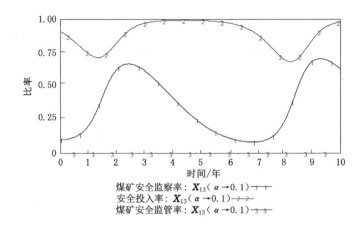

图 6-12 初始混合策略 X_{13} 突变 $\alpha \rightarrow 0.1$ 的系统演化博弈过程

比率由 $\alpha = 1/3$ 变为 $\alpha = 0.1$ 时，对此状态进行仿真，其博弈过程如图 6-12 所示。

图 6-12 说明如果国家煤矿安全监察机构群体中有一部分个体发生了突变，不仅会引起国家煤矿安全监察机构群体策略选择状态的变化，还会引起煤矿企业群体策略选择状态的变化，这种变化体现为国家煤矿安全监察机构和煤矿企业博弈过程的上下波动，且其上下波动的中心值大致为其原均衡解附近。

同理，当煤矿企业群体中有一部分个体发生突变，选择按照国家相关的法律、法规和安全标准等进行安全投入的比率由 $\beta = 10/11$ 突变为 $\beta = 0.6$，或者地方煤矿安全监管机构群体中一部分个体监管的比率由 $\gamma = 0$ 突变为 $\gamma = 0.2$，它们对应的系统演化博弈过程都会出现波动，分别如图 6-13、图 6-14 所示。因此，混合策略均衡解 X_{13} 的均衡状态是不稳定的，即不是演化稳定策略均衡。

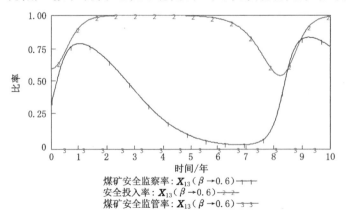

图 6-13 初始混合策略 X_{13} 突变 $\beta \rightarrow 0.6$ 的系统演化博弈过程

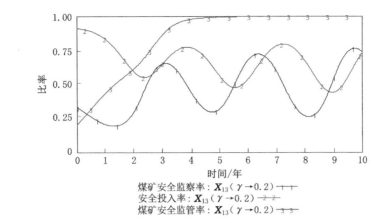

煤矿安全监察率：$X_{13}(\gamma \rightarrow 0.2)$ ―1―1―
安全投入率：$X_{13}(\gamma \rightarrow 0.2)$ ―2―2―
煤矿安全监管率：$X_{13}(\gamma \rightarrow 0.2)$ ―3―3―

图 6-14　初始混合策略 X_{13} 突变 $\gamma \rightarrow 0.2$ 的系统演化博弈过程

当博弈三方的初始策略为混合策略均衡解 X_{14} 时,其博弈过程也处于一种相对均衡的状态。那么混合策略均衡解 X_{14} 的均衡状态是不是稳定的呢? 通过仿真发现在 X_{14} 的初始混合策略下,博弈三方中的任何一方存在部分个体发生突变,都会破坏原来的均衡状态,导致博弈过程的持续波动,因此,混合策略均衡解 X_{14} 的均衡状态是不稳定的,即不是演化稳定策略均衡,相应系统博弈过程分别如图 6-15、图 6-16 和图 6-17 所示。

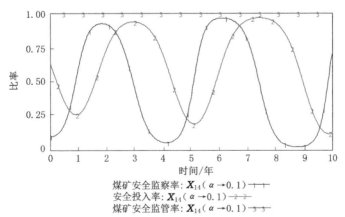

煤矿安全监察率：$X_{14}(\alpha \rightarrow 0.1)$ ―1―1―
安全投入率：$X_{14}(\alpha \rightarrow 0.1)$ ―2―2―
煤矿安全监管率：$X_{14}(\alpha \rightarrow 0.1)$ ―3―3―

图 6-15　初始混合策略 X_{14} 突变 $\alpha \rightarrow 0.1$ 的系统演化博弈过程

综上,当博弈三方初始策略采取混合策略均衡解 X_{13} 或 X_{14} 时,博弈三方都没有主动改变自己的初始策略,随时间的变化都没有发生变化,说明群体中没有人采取新的策略,此时的博弈处于一种相均衡的状态;但是这种均衡的状态都是

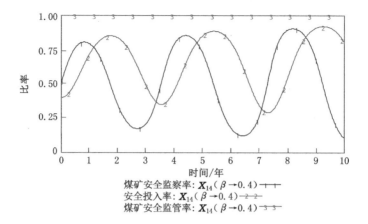

图 6-16   初始混合策略 X_{14} 突变 $\beta \rightarrow 0.4$ 的系统演化博弈过程

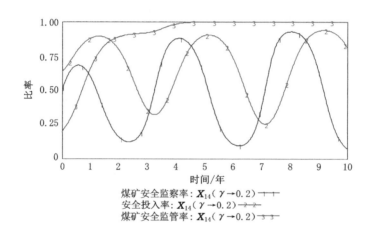

图 6-17   初始混合策略 X_{14} 突变 $\gamma \rightarrow 0.2$ 的系统演化博弈过程

不稳定的，是一种相对均衡的状态，当任何一个群体中的个体发生突变，都会破坏原来的均衡状态，导致博弈过程出现上下波动，且其上下波动的中心值大致在其原均衡解附近，波动没有出现收敛于某一值的时候，即混合策略均衡解 X_{13} 或 X_{14} 都不是演化稳定策略均衡。

6.2.3   一般策略演化博弈稳定性分析

下面我们考虑更为一般的博弈初始策略不为均衡解时的系统演化博弈过程，如当博弈三方的初始策略分别为 $\alpha = 0.1, \beta = 0.9, \gamma = 0.5$ 和 $\alpha = 0.9, \beta = 0.2,$ $\gamma = 0.4$ 时的系统演化博弈过程，对此状态进行仿真，其演化博弈过程分别如

图 6-18、图 6-19 所示。

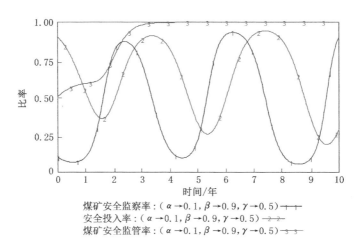

煤矿安全监察率：($\alpha \to 0.1, \beta \to 0.9, \gamma \to 0.5$) —1—1—
安全投入率：($\alpha \to 0.1, \beta \to 0.9, \gamma \to 0.5$) —2—2—
煤矿安全监管率：($\alpha \to 0.1, \beta \to 0.9, \gamma \to 0.5$) —3—3—

图 6-18　一般初始策略($\alpha = 0.1, \beta = 0.9, \gamma = 0.5$)的系统演化博弈过程

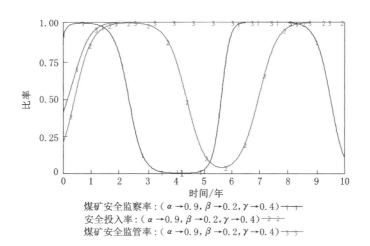

煤矿安全监察率：($\alpha \to 0.9, \beta \to 0.2, \gamma \to 0.4$) —1—1—
安全投入率：($\alpha \to 0.9, \beta \to 0.2, \gamma \to 0.4$) —2—2—
煤矿安全监管率：($\alpha \to 0.9, \beta \to 0.2, \gamma \to 0.4$) —3—3—

图 6-19　一般初始策略($\alpha = 0.9, \beta = 0.2, \gamma = 0.4$)的系统演化博弈过程

图 6-18、图 6-19 说明当博弈三方采取一般的初始策略时,地方煤矿安全监管机构将向 $\gamma = 1$ 的状态演化,这验证了 5.4 节提出的一些有关煤矿安全监察监管机构的改善对策构想。综上,当博弈三方初始策略采取一般的初始策略时,通过仿真结果发现地方煤矿安全监管机构将向 $\gamma = 1$ 的状态演化,即认真履行自己的监管职责,而国家煤矿安全监察机构和煤矿企业的策略演化过程出现上下波动,且波动过程不会收敛于某一值,但其上下波动的中心值大致在其原均衡解附

近，即一般策略下博弈过程更不存在演化稳定策略均衡。

6.3　本章小结

本章主要分析了中国煤矿安全监察监管的系统演化博弈模型仿真与稳定性研究，在上一章煤矿安全监察监管的系统演化博弈模型分析的基础上，构建了煤矿安全监察监管的系统演化博弈系统动力学（SD）模型，并对该 SD 模型在不同均衡策略下的系统演化博弈的均衡点进行仿真，以分析系统演化博弈均衡点的稳定性，即系统纯策略均衡解稳定性分析、系统混合策略均衡解稳定性分析和一般策略演化博弈稳定性分析。结果发现：煤矿安全监察监管系统演化博弈过程出现反复波动、震荡发展的趋势，即系统演化博弈过程不存在演化稳定策略均衡。具体而言：

（1）当博弈三方的初始策略采取纯策略均衡解时，系统演化博弈过程处于一种相对均衡的状态，但如果任何一个群体中的个体发生突变，都会导致原均衡状态向其他纯策略均衡状态的演化。

（2）当博弈三方的初始策略采取混合策略均衡解时，系统演化博弈过程也处于一种相对均衡状态，同样如果任何一个群体中的个体发生突变，都会导致博弈过程出现上下波动，且波动过程不会收敛于某一值，但其上下波动的中心值大致在其原均衡解附近。

（3）当博弈三方随机地采取一般的初始策略时，地方煤矿安全监管机构将向 $\gamma=1$ 的状态演化，即认真履行自己的监管职能，这验证了 5.4 节提出的一些有关煤矿安全监察监管机构的改善对策构想，而国家煤矿安全监察机构和煤矿企业的策略演化过程出现上下波动，且波动过程不会收敛于某一值，但其上下波动的中心值大致在其原均衡解附近，即一般策略下博弈过程更不存在演化稳定策略均衡。

第 7 章　中国煤矿安全监察监管系统演化博弈有效稳定性控制情景研究

　　煤矿安全监察监管系统演化博弈分析是为了对煤矿企业的控制情景进行优化,而控制情景的优化问题关键在于国家煤矿安全监察机构、地方煤矿安全监管机构和煤矿企业之间在对博弈过程中的利益冲突进行长期的动态性分析。因此,本章针对上一章分析得出不存在演化稳定策略均衡的煤矿安全监察监管系统演化博弈模型,试图提出有效的稳定性控制情景,这种情景使得煤矿安全监察监管系统演化博弈过程的波动性得到有效控制,且在此状态下煤矿企业的违法行为得到有效控制。

7.1　一般惩罚情景对系统演化博弈结果的影响

　　在实际煤矿安全监察监管过程中,国家煤矿安全监察机构加大对煤矿企业的违规行为惩罚力度是一种常见的控制情景。因此,为了检验改变惩罚力度这一控制情景对煤矿企业违规行为的控制效果,本节将对不同的处罚力度的效果进行仿真分析。

　　在煤矿安全监察监管系统演化博弈 SD 模型中,改变国家煤矿安全监察机构对煤矿企业的处罚力度,如对煤矿企业的处罚变量 c 的取值由 4 分别调整为 2、6 和 8,煤矿安全监察监管系统演化博弈模型分别通过仿真以后与原模型仿真结果进行对比分析,煤矿企业和国家煤矿安全监察机构的博弈结果分别如图 7-1 和图 7-2 所示。图 7-1 中的曲线 1、2、3 和 4 分别表示在国家煤矿安全监察机构对煤矿企业的处罚力度 $c=2$、$c=4$、$c=6$、$c=8$ 的情景下,煤矿企业选择按照国家相关的法律、法规和安全标准等进行安全投入策略的演化博弈过程。同样,图 7-2 中的曲线 1、2、3 和 4 分别表示在国家煤矿安全监察机构对煤矿企业的处罚力度 $c=2$、$c=4$、$c=6$、$c=8$ 的情景下,国家煤矿安全监察机构监察比率的演化博弈过程。

　　由图 7-1 可以看出:随着国家煤矿安全监察机构降低对煤矿企业违规行为的惩罚力度,同期内可以使煤矿企业违规行为的比率上升,同时,演化博弈过程的波动的振幅和频率也随着惩罚力度的降低而减小,即波动性减小;而加大对煤矿企业的惩罚力度后,同期内可以使煤矿企业违规行为的比率下降,但演化博弈过程的波动的振幅和频率加大，即波动性增大。

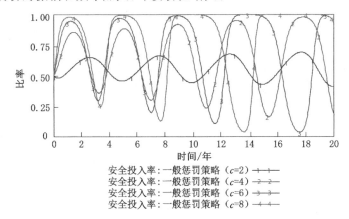

安全投入率：一般惩罚策略（$c=2$）┼┼┼
安全投入率：一般惩罚策略（$c=4$）₂ ₂ ₂
安全投入率：一般惩罚策略（$c=6$）₃ ₃ ₃
安全投入率：一般惩罚策略（$c=8$）₄ ₄ ₄

图 7-1   一般惩罚情景下改变惩罚力度对煤矿企业策略选择的影响

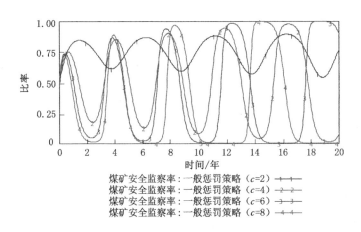

煤矿安全监察率：一般惩罚策略（$c=2$）┼┼┼
煤矿安全监察率：一般惩罚策略（$c=4$）₂ ₂ ₂
煤矿安全监察率：一般惩罚策略（$c=6$）₃ ₃ ₃
煤矿安全监察率：一般惩罚策略（$c=8$）₄ ₄ ₄

图 7-2   一般惩罚情景下改变惩罚力度对国家煤矿安全监察机构策略选择的影响

由图 7-2 可以看出，随着国家煤矿安全监察机构降低对煤矿企业违规行为的惩罚力度，同期内可以使国家煤矿安全监察机构监察的比率上升，同时，演化博弈过程的波动的振幅和频率也随着惩罚力度的降低而减小，即波动性减小；而加大对煤矿企业的惩罚力度后，同期内可以使国家煤矿安全监察机构监察的比率下降，演化博弈过程的波动的振幅和频率加大，即波动性增大。

以上分析说明国家煤矿安全监察机构加大对煤矿企业违规行为的惩罚力度，可以在短期内较快地控制煤矿企业违规行为的发生，但是从长期来看，煤矿企业违规行为具有很大的波动性，博弈过程更加难以控制。在现实煤矿安全生产过程中，这一现象是普遍存在的，当煤矿安全状况比较糟糕，重特大安全事故经常发生时,国家煤矿安全监察机构往往会出台更为严厉的控制措施,如果煤矿企业在此时仍然出现违规行为,则会受到严厉的处罚,由此,其他煤矿企业观察到此信息,会减少自身的违规行为,从而煤矿安全形势得到有效控制;但是,随着煤矿安全形势的好转,同时严厉的控制措施将付出较大的成本,国家煤矿安全监察机构对煤矿企业违规行为的监察力度逐渐放松,此时,煤矿企业又会逐渐提高发生违规行为的比率,从而又引起煤矿安全形势恶化,最终导致煤矿安全监察博弈过程出现反复波动、振荡发展的趋势。

煤矿安全监察演化博弈过程的反复波动、振荡发展使得国家煤矿安全监察机构的策略实施更加困难,且一味地提高惩罚力度并不能得到较好的实施效果。因此,国家煤矿安全监察机构监察策略机制的目标是不仅可以有效控制煤矿企业的违规行为,还可以有效抑制博弈过程的波动性,同时,国家煤矿安全监察机构应该维持在一个合理的监察比率,从而使得监察成本可以得到控制。

7.2　动态惩罚稳定性控制情景下演化博弈稳定性仿真及结果理论证明

煤矿安全监察监管系统演化博弈过程的波动性,给国家煤矿安全监察机构监察策略的合理制定带来了很大困难。既有文献中,很多学者提出将处罚力度与被监察者的违规率相联系可以有效抑制博弈过程的波动性。因此,为了抑制博弈过程存在的波动性,本节将引入动态惩罚稳定性控制情景,即国家煤矿安全监察机构根据所掌握的有关煤矿企业和地方煤矿安全监管机构的信息,对它们的违规行为或不尽责行为进行动态的处罚,即对煤矿企业的处罚力度随着其违法行为比率的上升而加大,对地方煤矿安全监管机构的处罚力度随着其忽视职责比率的上升而加大,分别如下式所示:

$$c_1 = n_1 c(1-\beta), d_1 = p_1 d(1-\gamma)$$

其中,n_1 和 p_1 分别为对煤矿企业和地方煤矿安全监管机构的处罚系数。

7.2.1　系统演化博弈仿真分析

在上一章煤矿安全监察监管系统演化博弈 SD 模型中引入动态惩罚稳定性控制情景,假设国家煤矿安全监察机构对煤矿企业和地方煤矿安全监管机构的处罚系数都为 1,则:

$$c_1 = c(1-\beta) = 4(1-\beta), d_1 = d(1-\gamma) = 2(1-\gamma)$$

煤矿安全监察监管系统演化博弈系统 SD 模型图变化为如图 7-3 所示,其中灰色线代表新加入的变量和函数关系。

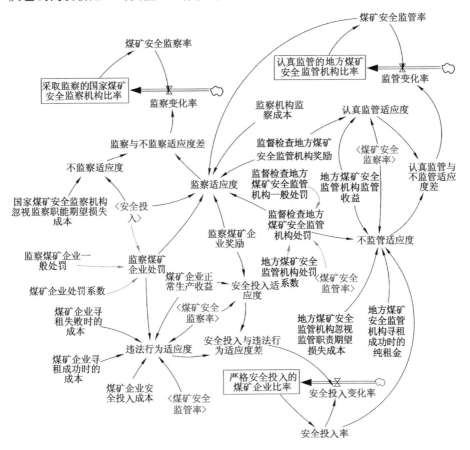

图 7-3　动态惩罚情景下煤矿安全监察监管系统演化博弈 SD 模型图

在此情景下,对系统演化博弈稳定性进行仿真分析。当博弈三方的初始策略分别为 $\alpha=0.5,\beta=0.5,\gamma=0.5$ 时,国家煤矿安全监察机构、地方煤矿安全监管机构和煤矿企业间的系统演化博弈 SD 模型仿真结果如图 7-4 所示。

从图 7-4 可以看出,在动态惩罚情景下,当博弈三方的初始策略为 $(\alpha=0.5,\beta=0.5,\gamma=0.5)$ 时,煤矿安全监察监管系统演化博弈过程大致收敛于 $\boldsymbol{X}^{*}=(0.8,0.55,1)^{\mathrm{T}}$,这说明在动态惩罚情景下,系统演化博弈过程的波动性得到抑制,博弈过程趋于稳定状态。那么 $\boldsymbol{X}^{*}$ 是不是演化稳定策略均衡呢?下面我们考虑当博弈三方的初始策略为 $(\alpha=0.1,\beta=0.2,\gamma=0.1)$ 时,系统的演化博弈过程,其仿真结果如图 7-5 所示。

由图 7-5 可以看出,当博弈三方的初始策略为 $\alpha=0.1,\beta=0.2,\gamma=0.1$ 时,

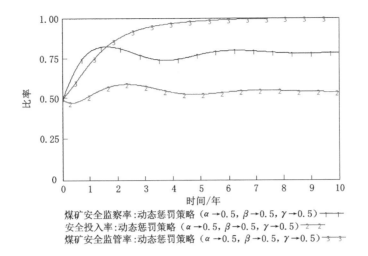

图 7-4　动态惩罚情景下($\alpha=0.5,\beta=0.5,\gamma=0.5$)的系统演化博弈过程

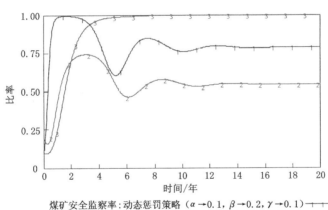

图 7-5　动态惩罚情景下($\alpha=0.1,\beta=0.2,\gamma=0.1$)的系统演化博弈过程

煤矿安全监察监管演化博弈过程也同样大致收敛于 $\boldsymbol{X}^*=(0.8,0.55,1)^{\mathrm{T}}$。因此,可以猜测 $\boldsymbol{X}^*$ 是博弈过程的演化稳定策略均衡。

图 7-6 给出了在一般惩罚情景和动态惩罚情景下系统的演化博弈过程,可以看出一般惩罚情景下系统的演化博弈过程存在波动性,不存在演化稳定策略均衡,但是在动态惩罚情景下博弈过程的波动状态得到有效抑制,系统演化博弈过程存在演化稳定策略均衡 $\boldsymbol{X}^*$。

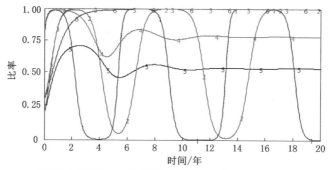

煤矿安全监察率：一般惩罚策略（$\alpha \rightarrow 0.8, \beta \rightarrow 0.2, \gamma \rightarrow 0.3$）—1—1—
安全投入率：一般惩罚策略（$\alpha \rightarrow 0.8, \beta \rightarrow 0.2, \gamma \rightarrow 0.3$）—2—2—
煤矿安全监管率：一般惩罚策略（$\alpha \rightarrow 0.8, \beta \rightarrow 0.2, \gamma \rightarrow 0.3$）—3—3—
煤矿安全监察率：动态惩罚策略（$\alpha \rightarrow 0.8, \beta \rightarrow 0.2, \gamma \rightarrow 0.3$）—4—4—
安全投入率：动态惩罚策略（$\alpha \rightarrow 0.8, \beta \rightarrow 0.2, \gamma \rightarrow 0.3$）—5—5—
煤矿安全监察率：动态惩罚策略（$\alpha \rightarrow 0.8, \beta \rightarrow 0.2, \gamma \rightarrow 0.3$）—6—6—

图 7-6　不同惩罚情景下煤矿安全监察监管的系统演化博弈过程

7.2.2　系统演化博弈稳定性仿真结果理论证明

通过对动态惩罚情景下煤矿安全监察监管系统演化博弈的仿真分析发现，演化博弈过程收敛于某一稳定的均衡点，即存在某一个可能的演化稳定策略均衡，但在此情景下的演化稳定策略均衡是否为系统真正的演化稳定策略均衡还有待证明。因此，本节将对动态惩罚情景下系统演化博弈模型进行求解并对其均衡解的稳定性进行理论证明，以验证演化博弈仿真结果的有效性。

首先，将 $c_1 = n_1 c(1-\beta), d_1 = p_1 d(1-\gamma)$ 代入图 5-6，此时博弈三方的收益矩阵如图 7-7 所示。

煤矿安全监察监管系统演化博弈的群体动态可用如下复制动态方程组表示：

$$\begin{cases} F(\alpha, \beta, \gamma) = \dfrac{\mathrm{d}\alpha}{\mathrm{d}t} = \alpha(1-\alpha)\{-a+b+n_1 c(1-\beta)+p_1 d(1-\gamma) - \\ \qquad\qquad \beta[b+n_1 c(1-\beta)+e]-\gamma[p_1 d(1-\gamma)+f]\} \\ G(\alpha, \beta, \gamma) = \dfrac{\mathrm{d}\beta}{\mathrm{d}t} = \beta(1-\beta)\{i-h+\alpha[n_1 c(1-\beta)+e]+\gamma(j-i)\} \\ H(\alpha, \beta, \gamma) = \dfrac{\mathrm{d}\gamma}{\mathrm{d}t} = \gamma(1-\gamma)\{l-m+\alpha[p_1 d(1-\gamma)+f]+\beta m\} \end{cases}$$

将外部变量的初始值代入上式，得煤矿安全监察监管系统群体的演化动态方程组如下：

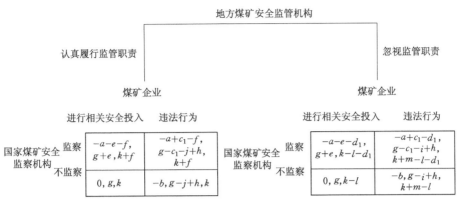

图 7-7　国家煤矿安全监察机构、地方煤矿安全监管机构和煤矿企业的收益矩阵(c)

$$
\begin{cases}
F(\alpha,\beta,\gamma)=\dfrac{\mathrm{d}\alpha}{\mathrm{d}t}=\alpha(1-\alpha)\,(10-15\beta+4\beta^2-5\gamma+2\gamma^2) \\[2mm]
G(\alpha,\beta,\gamma)=\dfrac{\mathrm{d}\beta}{\mathrm{d}t}=\beta(1-\beta)\,(-2+6\alpha-4\alpha\beta-\gamma) \\[2mm]
H(\alpha,\beta,\gamma)=\dfrac{\mathrm{d}\gamma}{\mathrm{d}t}=\gamma(1-\gamma)\,(-1+3\alpha-2\alpha\gamma+\dfrac{3}{2}\beta)
\end{cases}
$$

令 $f(X)=\begin{cases}F(\alpha,\beta,\gamma)=\dfrac{\mathrm{d}\alpha}{\mathrm{d}t}\\[1mm]G(\alpha,\beta,\gamma)=\dfrac{\mathrm{d}\beta}{\mathrm{d}t}\\[1mm]H(\alpha,\beta,\gamma)=\dfrac{\mathrm{d}\gamma}{\mathrm{d}t}\end{cases}=0,$ 可解得煤矿安全监察监管系统演化博弈

动态方程的所有均衡解为:

$$
\boldsymbol{X}_1=\begin{bmatrix}0\\0\\0\end{bmatrix},\boldsymbol{X}_2=\begin{bmatrix}0\\1\\0\end{bmatrix},\boldsymbol{X}_3=\begin{bmatrix}0\\1\\1\end{bmatrix},\boldsymbol{X}_4=\begin{bmatrix}0\\0\\1\end{bmatrix}
$$

$$
\boldsymbol{X}_5=\begin{bmatrix}1\\0\\0\end{bmatrix},\boldsymbol{X}_6=\begin{bmatrix}1\\1\\1\end{bmatrix},\boldsymbol{X}_7=\begin{bmatrix}1\\0\\1\end{bmatrix},\boldsymbol{X}_8=\begin{bmatrix}1\\1\\1\end{bmatrix}
$$

$$
\boldsymbol{X}_9=\left(1,\frac{3}{4},1\right)^{\mathrm{T}},\boldsymbol{X}_{10}=\left(1,1,\frac{7}{4}\right)^{\mathrm{T}},\boldsymbol{X}_{11}=\left(0,\frac{2}{3},-2\right)^{\mathrm{T}}
$$

$$
\boldsymbol{X}_{12}=\left(\frac{\sqrt{65}+3}{14},\frac{15-\sqrt{65}}{8},0\right)^{\mathrm{T}}\approx(0.79,0.867,0)^{\mathrm{T}}
$$

$$\boldsymbol{X}_{13}=\left(\frac{3\sqrt{113}+9}{52},\frac{15-\sqrt{113}}{8},1\right)^{\mathrm{T}}\approx(0.786,0.546,1)^{\mathrm{T}}$$

根据弗里德曼（1991）提出的通过分析均衡点时系统的雅可比矩阵的行列式和迹值的符号，可以得到系统复制动态方程均衡点的稳定性，即是否存在演化稳定策略均衡，因此上述复制动态方程组的雅可比矩阵为：

$$\boldsymbol{J}=\begin{bmatrix}(1-2\alpha)A & \alpha(1-\alpha)(-15+8\beta) & \alpha(1-\alpha)(-5+4\gamma)\\ \beta(1-\beta)(6-4\beta) & (1-2\beta)B+\beta(1-\beta)C & -\beta(1-\beta)\\ \gamma(1-\gamma)(3-2\gamma) & \frac{3}{2}\gamma(1-\gamma) & (1-2\gamma)D+\gamma(1-\gamma)E\end{bmatrix}$$

其中：

$$A=10-15\beta+4\beta^2-5\gamma+2\gamma^2,B=-2+6\alpha-4\alpha\beta-\gamma,$$

$$C=-4\alpha,D=-1+3\alpha-2\alpha\gamma+\frac{3}{2}\beta,E=-2\alpha$$

因此，当 $\boldsymbol{X}_1=(0,0,0)^{\mathrm{T}}$ 时，$\boldsymbol{J}_1=\begin{bmatrix}10 & 0 & 0\\ 0 & -2 & 0\\ 0 & 0 & -1\end{bmatrix}$，求得矩 $\boldsymbol{J}_1$ 的特征值为：

$$\lambda_1=10,\lambda_2=-2,\lambda_3=-1$$

其中 $\lambda_1>0$，所以该均衡解是不稳定的，即不是演化稳定策略均衡。同理可求得其他均衡解 $\boldsymbol{X}_2\sim\boldsymbol{X}_8$ 也都不是演化稳定策略均衡。

对于 $\boldsymbol{X}_9$，其 $\boldsymbol{J}_9=\begin{bmatrix}2 & 0 & 0\\ \frac{9}{16} & -\frac{3}{4} & -\frac{3}{16}\\ 0 & 0 & -\frac{9}{8}\end{bmatrix}$，其特征值为 $\lambda_1=2,\lambda_2=-\frac{3}{4},\lambda_3=$

$-\frac{9}{8}$，其中 $\lambda_1>0$，所以该均衡解是不稳定的，即不是演化稳定策略均衡。

同理可求得矩阵 $\boldsymbol{J}_{10}\sim\boldsymbol{J}_{12}$ 的特征值，发现每一个矩阵的特征值中都存在大于零的特征值，因此 $\boldsymbol{X}_{10}\sim\boldsymbol{X}_{12}$ 都不是演化稳定策略均衡。

对于 $\boldsymbol{X}_{13}$，其 $\boldsymbol{J}_{13}=\begin{bmatrix}0 & -1.788\,345 & -0.168\,204\\ 0.945\,925 & -0.779\,347 & -0.247\,884\\ 0 & 0 & -0.605\end{bmatrix}$

其特征矩阵为：

$$|\lambda e-\boldsymbol{J}_{13}|=\begin{vmatrix}\lambda & -1.788\,345 & -0.168\,204\\ 0.945\,925 & \lambda+0.779\,347 & -0.247\,884\\ 0 & 0 & \lambda+0.605\end{vmatrix}$$

$$= (\lambda + 0.605)[\lambda(\lambda + 0.779\,347) + 1.788\,345 \times 0.945\,925]$$
$$= (\lambda + 0.605)(\lambda^2 + 0.779\,347\lambda + 1.69\,164)$$

求解可得：

$$\lambda_1 = -0.605, \lambda_{2,3} = \frac{-0.779\,347 \pm \sqrt{-6.159\,179}}{2} = \frac{-0.779\,347 \pm 2.481\,769i}{2}$$

所有的特征值都为负实部特征值。

因此，均衡解 $\boldsymbol{X}_{13} = \left(\dfrac{3\sqrt{113}+9}{52}, \dfrac{15-\sqrt{113}}{8}, 1\right)^{\mathrm{T}} \approx (0.786, 0.546, 1)^{\mathrm{T}}$ 是演化稳定策略均衡，这与运用 SD 模型仿真出的结果相同。

综上，运用系统动力学对煤矿安全监察监管系统演化博弈进行仿真是解决演化博弈均衡解稳定性分析的有效方法，且通过仿真分析发现，动态惩罚情景是一种可以有效抑制煤矿安全监察监管系统演化博弈过程波动性的控制情景，在此情景下，演化博弈过程存在演化稳定策略均衡。

7.3　演化稳定策略均衡影响变量分析与优化

7.3.1　动态惩罚情景下 ESS 影响变量分析

动态惩罚情景虽然可以有效抑制系统演化博弈过程的波动性，使得演化博弈过程存在演化稳定策略均衡，但是存在的演化稳定策略均衡并不是非常理想的状态，在此状态下，煤矿企业仍然存在一定比率选择违规操作行为。因此有必要对动态惩罚情景下演化稳定策略均衡的影响变量进行分析以优化动态惩罚情景。

7.3.1.1　惩罚力度

考虑当博弈三方的初始策略为 $\alpha = 0.1, \beta = 0.2, \gamma = 0.1$ 时，国家煤矿安全监察机构逐渐加大对煤矿企业违规操作行为和地方煤矿安全监管机构忽视职责行为的处罚力度，处罚系数 n_1 的取值由 1 调整为 2、3，处罚系数 p_1 的取值由 1 调整为 2、3，演化博弈模型分别通过仿真以后与原模型仿真结果进行对比分析，动态惩罚情景下改变惩罚力度对煤矿企业和地方煤矿安全监管机构策略选择的影响分别如图 7-8 和图 7-9 所示。

图 7-8 中的曲线 1、2 和 3 分别表示在国家煤矿安全监察机构对煤矿企业的处罚系数 $n_1 = 1, n_1 = 2, n_1 = 3$ 的情景下，煤矿企业选择按照国家相关的法律、法规、安全标准等进行安全投入策略的演化博弈过程。图 7-9 中的曲线 1、2 和 3 分别表示在国家煤矿安全监察机构对地方煤矿安全监管机构的处罚力度 $p_1 = 1, p_1 = 2, p_1 = 3$ 的情景下，地方煤矿安全监管机构监管比率的演化博弈过程。

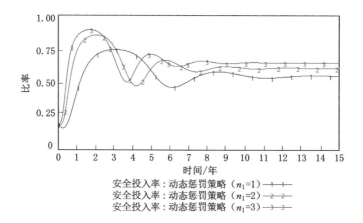

图 7-8　动态惩罚情景下改变惩罚力度对煤矿企业策略选择的影响

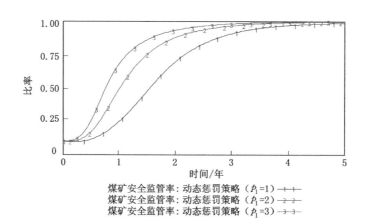

图 7-9　动态惩罚情景下改变惩罚力度对地方煤矿安全监管机构策略选择的影响

由图 7-8 可以看出，随着国家煤矿安全监察机构加大对煤矿企业违规行为的惩罚力度，同期内可以使煤矿企业违规行为的比率下降，且煤矿企业的最优演化稳定策略 β 上升，由此可以得出提高处罚力度可有效抑制煤矿企业违规操作行为，这与一般惩罚力度对系统演化博弈的影响结果相同。同理，由图 7-9 可以看出，随着国家煤矿安全监察机构加大对地方煤矿安全监管机构忽视监管职责行为的惩罚力度，同期内可以更有效地向演化稳定策略 $\gamma＝1$ 演进。

7.3.1.2　煤矿企业违规操作收益

煤矿企业的策略选择很大程度上受其通过违规操作获得收益的大小影响，

同样,再考虑当博弈三方的初始策略为 $\alpha=0.1,\beta=0.2,\gamma=0.1$ 时,改变煤矿企业违规操作获得收益的大小值,h 的取值由 4 调整为 5、6,演化博弈模型分别通过仿真以后与原模型仿真结果进行对比分析,动态惩罚情景下改变违规操作收益对煤矿企业策略选择的影响如图 7-10 所示。

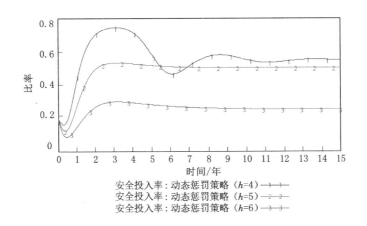

图 7-10　动态惩罚情景下改变违规操作收益对煤矿企业策略选择的影响

图 7-10 中的曲线 1、2 和 3 分别表示煤矿企业在其违规操作获得收益取值 $h=4$,$h=5$,$h=6$ 的情景下,煤矿企业选择按照国家相关的法律、法规和安全标准等进行安全投入策略的演化博弈过程。由图 7-10 可以看出:如果煤矿企业获得的违规操作收益越大,其越有足够的动力选择违法操作,其最优演化稳定策略 β 值越小,即煤矿企业违规操作的可能性越大;而如果违规操作收益比较低时,其策略选择出现一定的波动,但最终会稳定,最优演化稳定策略 β 值较大,即煤矿企业违规操作的可能性较小。

7.3.1.3　地方煤矿安全监管机构寻租成功时的纯租金

地方煤矿安全监管机构忽视职责而进行寻租时,将获得来自煤矿企业的纯租金 m,这部分纯租金 m 的大小将会在一定程度上影响地方煤矿安全监管机构的策略选择。再考虑当博弈三方的初始策略为 $\alpha=0.1,\beta=0.2,\gamma=0.1$ 时,改变地方煤矿安全监管机构因忽视职责而进行寻租获得来自煤矿企业的纯租金 m 的大小,m 的取值由 1.5 调整为 2、2.5,演化博弈模型分别通过仿真以后与原模型仿真结果进行对比分析,动态惩罚情景下改变纯租金收益对地方煤矿安全监管机构策略选择的影响如图 7-11 所示。

图 7-11 中的曲线 1、2 和 3 分别表示在地方煤矿安全监管机构因忽视职责而进行寻租获得来自煤矿企业的纯租金 $m=1.5$,$m=2$,$m=2.5$ 的情景下,地方

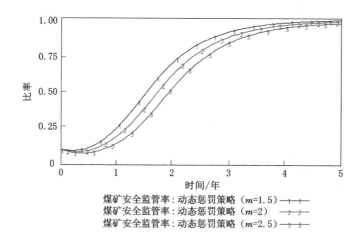

煤矿安全监管率：动态惩罚策略（$m=1.5$）—1—1—
煤矿安全监管率：动态惩罚策略（$m=2$）—2—2—
煤矿安全监管率：动态惩罚策略（$m=2.5$）—3—3—

图 7-11　动态惩罚情景下改变纯租金收益对地方煤矿安全监管机构策略选择的影响

煤矿安全监管机构认真履行监管职责的演化博弈过程。由图 7-11 可以看出：如果地方煤矿安全监管机构获得的来自煤矿企业的纯租金越高，其越有足够的动力放松监管而进行寻租，从而延迟向最优演化稳定策略 $\gamma=1$ 演进；而如果获得的来自煤矿企业的纯租金比较低时，其会更倾向于严格履行监管职责，较快地向演化稳定策略 $\gamma=1$ 演进。

7.3.1.4　国家煤矿安全监察机构监察比率

国家煤矿安全监察机构对煤矿企业实时监察肯定可以完全抑制煤矿企业的违法操作行为，但实时地对煤矿企业进行全面监察的成本是很高的，也是不经济的，同样对地方煤矿安全监管机构的监督检查也一样。因此，国家煤矿安全监察机构的监察次数是有限性的，如何依靠有限的监察比率达到最大化杜绝煤矿企业安全生产过程中违规行为的发生是国家煤矿安全监察机构安全监察的最终目的。

考虑当博弈三方的初始策略为 $\alpha=0.1$，$\beta=0.2$，$\gamma=0.1$ 时，国家煤矿安全监察机构逐渐提高对煤矿企业违规操作行为的监察比率来对比分析煤矿企业和地方煤矿安全监管机构的策略选择变化情况，监察比率 α 的取值由 0.1 调整为 0.3、0.5，模型分别通过仿真以后与原模型仿真结果进行对比分析，动态惩罚情景下改变监察率对煤矿企业和地方煤矿安全监管机构策略选择的影响分别如图 7-12 和图 7-13 所示。

图 7-12 中的曲线 1、2 和 3 分别表示在国家煤矿安全监察机构对煤矿企业的监察率 $\alpha=0.1$，$\alpha=0.3$，$\alpha=0.5$ 的情景下，煤矿企业选择按照国家相关的法律、法规和安全标准等进行安全投入策略的演化博弈过程。图 7-13 中的曲线 1、

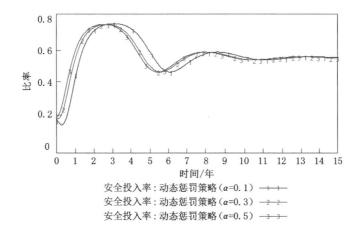

图 7-12　动态惩罚情景下改变监察率对煤矿企业策略选择的影响

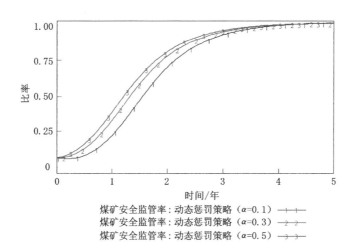

图 7-13　动态惩罚情景下改变监察率对地方煤矿安全监管机构策略选择的影响

2 和 3 分别表示在国家煤矿安全监察机构对煤矿企业的监察率 $\alpha=0.1, \alpha=0.3$, $\alpha=0.5$ 的情景下,地方煤矿安全监管机构监管比率的演化博弈过程。

　　由图 7-12 可以看出:随着国家煤矿安全监察机构加大对煤矿企业违规行为的监察力度,短期来看,同期内可以使煤矿企业违规行为的比率下降,但是煤矿企业的策略选择过程逐渐出现波动现象;长期来看,煤矿企业在不同的监察力度下会向同一演化稳定策略演进,即监察力度的加大长期内对煤矿企业的违规操作行为没有产生有效的抑制作用,是无效的。同理,由图 7-13 可以看出,国家煤矿安全监察机构加大对煤矿企业违规行为的监察力度可以促使地方煤矿安全监管机构更好地履行其监管职责,同期内可以更有效地向演化稳定策略 $\gamma=1$ 演进。

7.3.2　控制情景优化研究

在实际的煤矿安全监察工作中,如何依靠有限的监察次数达到最大化降低煤矿企业违规行为的发生是煤矿安全监察演化博弈分析及仿真的最终目的。因此,为了进一步优化控制情景,在上一小节动态惩罚情景下系统演化稳定均衡策略的影响变量分析基础上,引入一种更为有效的优化动态惩罚-激励情景。

对于煤矿企业,优化动态惩罚情景由两部分组成:第一部分为原来的动态惩罚情景,即国家煤矿安全监察机构根据所掌握的有关煤矿企业违规操作行为的信息,对它们进行动态的处罚;第二部分为新加入的项,其意义为在原有动态惩罚的基础上,应再根据国家煤矿安全监察机构的监察率以及煤矿企业本身违规操作所获得的收益进行追加惩罚,从而抑制煤矿企业的违规操作行为。对煤矿企业的这种优化控制动态惩罚情景可用下式表示:

$$c_2 = n_{21} c(1-\beta) + n_{22} \frac{h}{\alpha}$$

其中, n_{21} 和 n_{22} 为国家煤矿安全监察机构对煤矿企业的惩罚系数。

对于地方煤矿安全监管机构,同样引入优化控制动态惩罚情景,这个情景也由两部分组成:第一部分为原来的动态惩罚情景,即国家煤矿安全监察机构根据所掌握的有关地方煤矿安全监管机构忽视职责行为的信息,对它们进行动态处罚;第二部分为新加入的项,其意义为在原有动态惩罚的基础上,应再根据国家煤矿安全监察机构的监察率以及地方煤矿安全监管机构寻租成功时获得的纯租金进行追加惩罚,从而使地方煤矿安全监管机构严格履行监管职责得到更加有效的抑制。对地方煤矿安全监管机构的这种优化控制动态惩罚情景可用下式表示:

$$d_2 = p_{21} d(1-\gamma) + p_{22} \frac{m}{\alpha}$$

其中, p_{21} 和 p_{22} 为国家煤矿安全监察机构对地方煤矿安全监管机构的惩罚系数。

为了更有效地杜绝煤矿企业违规行为和地方煤矿安全监管机构忽视监管职责进行寻租行为的发生,国家煤矿安全监察机构应对按照国家相关的法律、法规和安全标准等进行安全投入的煤矿企业和严格履行监管职责的地方煤矿安全监管机构进行激励。

因此,对于煤矿企业,国家煤矿安全监察机构根据所掌握的有关煤矿企业按照国家相关的法律、法规和安全标准等进行安全投入的信息,对它们进行动态的激励,即对煤矿企业的奖励力度随着其按照国家相关的法律、法规和安全标准等进行安全投入行为比率的上升而加大;同时在此基础上,应再根据国家煤矿安全监察机构的监察率以及煤矿企业进行安全投入成本大小追加奖励,从而激励煤矿企业按照国家相关的法律、法规和安全标准等进行安全投入。对煤矿企业的这种优化控制动态激励情景可用下式表示:

$$e_2 = q_{21}\beta e + q_{22}\frac{\alpha}{h}$$

其中,q_{21} 和 q_{22} 为国家煤矿安全监察机构对煤矿企业的激励系数。

对于地方煤矿安全监管机构,国家煤矿安全监察机构根据所掌握的有关地方煤矿安全监管机构严格履行其监管职责的信息,对它们进行动态的激励,即对地方煤矿安全监管机构的奖励力度随着其严格履行监管职责行为比率的上升而加大;同时在此基础上,应再根据国家煤矿安全监察机构的监察率以及地方煤矿安全监管机构抵制住来自煤矿企业的租金大小追加奖励,从而激励地方煤矿安全监管机构严格履行监管职责。对地方煤矿安全监管机构的这种优化控制动态激励情景可用下式表示:

$$f_2 = s_{21}f\gamma + s_{22}\frac{\alpha}{m}$$

其中 s_{21} 和 s_{22} 为国家煤矿安全监察机构对煤矿企业的激励系数。

综上,为了有效最大化杜绝煤矿企业违法操作行为和地方煤矿安全监管机构忽视监管职责进行寻租行为的发生,本书提出优化动态惩罚-激励情景,即国家煤矿安全监察机构根据所掌握的有关煤矿企业和地方煤矿安全监管机构的信息,对它们进行动态的处罚和激励,如下式所列:

$$c_2 = n_{21}c(1-\beta) + n_{22}\frac{h}{\alpha}, d_2 = p_{21}d(1-\gamma) + p_{22}\frac{m}{\alpha},$$

$$e_2 = q_{21}\beta e + q_{22}\frac{\alpha}{h}, f_2 = s_{21}f\gamma + s_{22}\frac{\alpha}{m}$$

7.4　优化动态惩罚-激励稳定性控制情景博弈稳定性仿真及结果理论证明

为说明优化动态惩罚-激励情景的有效性,根据本书前面章节的思路,将优化动态惩罚-激励情景下煤矿安全监察监管系统演化博弈的稳定性进行仿真分析及其仿真结果的理论证明。

7.4.1　系统演化博弈仿真分析

在上一章煤矿安全监察监管系统演化博弈 SD 模型中引入优化动态惩罚-

激励情景，假设国家煤矿安全监察机构对煤矿企业和地方煤矿安全监管机构的处罚系数和激励系数都为 1，则：

$$c_2 = c(1-\beta) + \frac{h}{\alpha} = 4(1-\beta) + \frac{4}{\alpha}, d_2 = d(1-\gamma) + \frac{m}{\alpha} = 2(1-\gamma) + \frac{3}{2\alpha}$$

$$e_2 = \beta e + \frac{h}{\alpha} = 2\beta + \frac{\alpha}{4}, f_2 = f\gamma + \frac{m}{\alpha} = \gamma + \frac{2\alpha}{3}$$

煤矿安全监察监管系统演化博弈 SD 模型图变化为如图 7-14 所示，其中灰色线代表新加入的变量和函数关系。

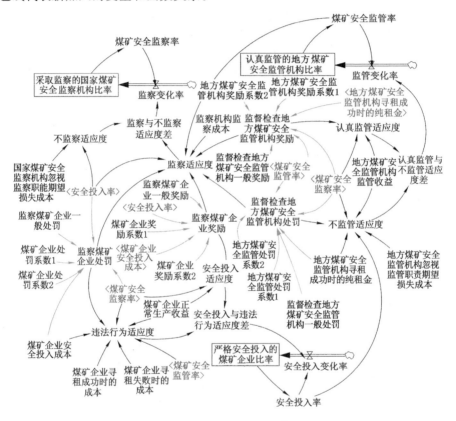

图 7-14　优化动态惩罚-激励情景下煤矿安全监察监管系统演化博弈 SD 模型图

在此情景下，对系统演化博弈稳定性控制情景进行仿真。当博弈三方的初始策略为 $\alpha=0.5, \beta=0.5, \gamma=0.5$ 时，国家煤矿安全监察机构、地方煤矿安全监管机构和煤矿企业间的演化博弈过程如图 7-15 所示。

由图 7-15 可以看出，在优化动态惩罚-激励情景下，当博弈三方以初始策略（$\alpha=0.5, \beta=0.5, \gamma=0.5$）进行博弈时，系统演化博弈的过程大致收敛于 $\boldsymbol{X}^* =$

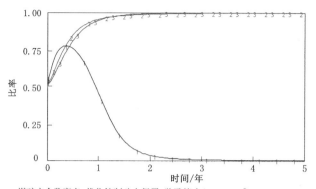

煤矿安全监察率:优化控制动态惩罚-奖励策略($\alpha \to 0.5$, $\beta \to 0.5$, $\gamma \to 0.5$)—+—+
安全投入率:优化控制动态惩罚-奖励策略($\alpha \to 0.5$, $\beta \to 0.5$, $\gamma \to 0.5$)—2—2
煤矿安全监管率:优化控制动态惩罚-奖励策略($\alpha \to 0.5$, $\beta \to 0.5$, $\gamma \to 0.5$)—3—3

图 7-15　优化动态惩罚-激励情景下($\alpha=0.5$, $\beta=0.5$, $\gamma=0.5$)的系统演化博弈过程

$(0,1,1)^{\mathrm{T}}$。那么 $\boldsymbol{X}^*$ 是不是演化稳定策略均衡呢?下面我们再考虑当博弈三方的初始策略为 $\alpha=0.1$, $\beta=0.2$, $\gamma=0.1$ 和 $\alpha=0.8$, $\beta=0.2$, $\gamma=0.3$ 时,系统演化博弈的过程,其结果如图 7-16、图 7-17 所示。

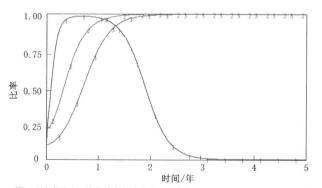

煤矿安全监察率:优化控制动态惩罚-奖励策略($\alpha \to 0.1$, $\beta \to 0.2$, $\gamma \to 0.1$)—+—+
安全投入率:优化控制动态惩罚-奖励策略($\alpha \to 0.1$, $\beta \to 0.2$, $\gamma \to 0.1$)—2—2
煤矿安全监管率:优化控制动态惩罚-奖励策略($\alpha \to 0.1$, $\beta \to 0.2$, $\gamma \to 0.1$)—3—3

图 7-16　优化动态惩罚-激励情景下($\alpha=0.1$, $\beta=0.1$, $\gamma=0.1$)的系统演化博弈过程

由图 7-16 和图 7-17 可以看出,当博弈三方的初始策略为 $\alpha=0.1$, $\beta=0.2$, $\gamma=0.1$ 和 $\alpha=0.8$, $\beta=0.2$, $\gamma=0.3$ 时,煤矿安全监察监管系统演化博弈过程也大致收敛于 $\boldsymbol{X}^*=(0,1,1)^{\mathrm{T}}$ 附近。这说明在优化动态惩罚-激励情景下,系统演化博弈过程不仅存在演化稳定策略均衡,且在该演化稳定策略均衡状态下使得煤矿安全监察监管系统演化博弈三方的策略选择达到非常理想的状态,即国家煤矿安全监察

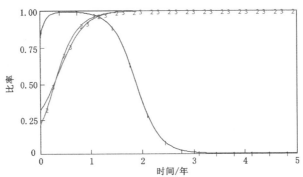

图 7-17 优化动态惩罚-激励情景下($\alpha=0.8,\beta=0.2,\gamma=0.3$)的系统演化博弈过程

机构以非常小的监察比率对煤矿企业进行监察,同时煤矿企业和地方煤矿安全监管机构会分别选择按照国家相关的法律、法规和安全标准等进行安全投入和严格履行监管职责。

图 7-18 给出了在一般惩罚情景、动态惩罚情景和优化动态惩罚-激励情景下煤矿企业安全投入率的演化过程。

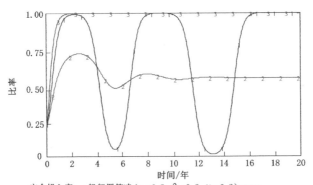

图 7-18 三种情景下煤矿企业安全投入率的演化博弈过程

由图 7-18 可以看出:一般惩罚情景下煤矿企业选择按照国家相关的法律、法规和安全标准等进行安全投入的比率存在波动现象,无法稳定于某一值;在动态惩罚情景下其波动状态得到有效抑制,安全投入比率演化过程存在演化稳定策略均衡,但此演化稳定策略均衡不是现实系统博弈过程中的理想状态;而在优

化动态惩罚-激励情景下,煤矿企业的最优策略为选择按照国家相关的法律、法规和安全标准等进行安全投入。

图 7-19 给出了在动态惩罚情景和优化动态惩罚-激励情景下系统演化博弈过程仿真结果对比,从仿真结果可以看出:动态惩罚情景下系统演化博弈过程虽然存在演化稳定策略均衡,但是在此演化稳定策略均衡状态下,煤矿企业和地方煤矿安全监管机构都存在一定比率选择违法行为和忽视监管职责而进行寻租;而在优化动态惩罚-激励情景下的演化稳定策略均衡状态,国家煤矿安全监察机构以非常小的监察比率对煤矿企业进行监察,同时煤矿企业的最优策略为选择按照国家相关的法律、法规和安全标准等进行安全投入,地方煤矿安全监管机构的最优策略为选择严格履行监管职责。

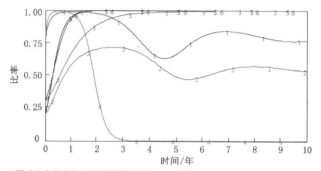

煤矿安全监察率:动态惩罚策略($\alpha \to 0.8, \beta \to 0.2, \gamma \to 0.3$)-+-+
安全投入率:动态惩罚策略($\alpha \to 0.8, \beta \to 0.2, \gamma \to 0.3$)-2-2
煤矿安全监管率:动态惩罚策略($\alpha \to 0.8, \beta \to 0.2, \gamma \to 0.3$)-3-3
煤矿安全监察率:优化控制动态惩罚-奖励策略($\alpha \to 0.8, \beta \to 0.2, \gamma \to 0.3$)-4-4
安全投入率:优化控制动态惩罚-奖励策略($\alpha \to 0.8, \beta \to 0.2, \gamma \to 0.3$)-5-5
煤矿安全监管率:优化控制动态惩罚-奖励策略($\alpha \to 0.8, \beta \to 0.2, \gamma \to 0.3$)-6-6

图 7-19　优化动态惩罚-激励情景和动态惩罚情景下的系统演化博弈过程

7.4.2　系统演化博弈稳定性仿真结果理论证明

通过对动态惩罚情景分析与控制情景优化研究,提出优化动态惩罚-激励情景下的煤矿安全监察监管系统演化博弈,从仿真结果发现演化博弈过程不仅存在演化稳定策略均衡,而且该演化稳定策略均衡状态下煤矿安全监察监管系统博弈三方的策略选择达到非常理想的状态,即国家煤矿安全监察机构以非常小的监察率对煤矿企业进行监察,同时煤矿企业和地方煤矿安全监管机构都会分别选择按照国家相关的法律、法规和安全标准等进行安全投入和严格履行监管职责。但在此情景下的演化稳定策略均衡是否为真正的系统演化稳定策略均衡还有待证明。

因此,将以下各式:

$$c_2 = c(1-\beta) + \frac{h}{\alpha} = 4(1-\beta) + \frac{4}{\alpha}, d_2 = d(1-\gamma) + \frac{m}{\alpha} = 2(1-\gamma) + \frac{3}{2\alpha}$$

$$e_2 = \beta e + \frac{h}{\alpha} = 2\beta + \frac{\alpha}{4}, f_2 = f\gamma + \frac{m}{\alpha} = \gamma + \frac{2\alpha}{3}$$

代入图 5-4,此时博弈三方的收益矩阵如图 7-20 所示:

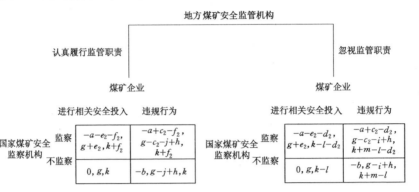

图 7-20　国家煤矿安全监察机构、地方煤矿安全监管机构和煤矿企业的收益矩阵(d)

煤矿安全监察监管系统演化博弈的群体动态可用如下复制动态方程组表示,将外部变量的初始值代入上式,得煤矿安全监察监管系统群体的演化动态方程组如下:

$$\begin{cases}
F(\alpha,\beta,\gamma) = \dfrac{\mathrm{d}\alpha}{\mathrm{d}t} = \alpha(1-\alpha)\bigg\{\beta\gamma\Big(-a-\beta e-\dfrac{\alpha}{h}-f\gamma-\dfrac{\alpha}{m}\Big) + \\
\qquad \beta(1-\gamma)\Big[-a-\beta e-\dfrac{\alpha}{h}+d(1-\gamma)+\dfrac{m}{\alpha}\Big] + \\
\qquad (1-\beta)\gamma\Big[-a+c(1-\beta)+\dfrac{h}{\alpha}-f\gamma-\dfrac{\alpha}{m}+b\Big] + \\
\qquad (1-\beta)(1-\gamma)\Big[-a+c(1-\beta)+\dfrac{h}{\alpha}+d(1-\gamma)+\dfrac{m}{\alpha}+b\Big]\bigg\} \\[2mm]
G(\alpha,\beta,\gamma) = \dfrac{\mathrm{d}\beta}{\mathrm{d}t} = \beta(1-\beta)\bigg\{\alpha\gamma\Big[\beta e+\dfrac{\alpha}{h}+c(1-\beta)+\dfrac{h}{\alpha}+j-h\Big] + \\
\qquad \alpha(1-\gamma)\Big[\beta e+\dfrac{\alpha}{h}+c(1-\beta)+\dfrac{h}{\alpha}+i-h\Big] + \\
\qquad (1-\alpha)\gamma(j-h)+(1-\alpha)(1-\gamma)(i-h)\bigg\} \\[2mm]
H(\alpha,\beta,\gamma) = \dfrac{\mathrm{d}\gamma}{\mathrm{d}t} = \gamma(1-\gamma)\bigg\{\alpha\beta\Big[f\gamma+\dfrac{\alpha}{m}+l+d(1-\gamma)+\dfrac{m}{\alpha}\Big] + \\
\qquad \alpha(1-\beta)\Big[f\gamma+\dfrac{\alpha}{m}-m+l+d(1-\gamma)+\dfrac{m}{\alpha}\Big] + \\
\qquad (1-\alpha)\beta l+(1-\alpha)(1-\beta)(-m+l)\bigg\}
\end{cases}$$

$$令\ f(X)=\begin{cases}F(\alpha,\beta,\gamma)=\dfrac{\mathrm{d}\alpha}{\mathrm{d}t}\\[2mm]G(\alpha,\beta,\gamma)=\dfrac{\mathrm{d}\beta}{\mathrm{d}t}\\[2mm]H(\alpha,\beta,\gamma)=\dfrac{\mathrm{d}\gamma}{\mathrm{d}t}\end{cases}=0,可解得上述动态方程的所有均衡解。$$

但是为分析方便起见,由前面的仿真结果发现,系统大致收敛于 $\boldsymbol{X}^* = (0,1,1)^\mathrm{T}$ 附近,因此仅对 $\boldsymbol{X}^* = (0,1,1)^\mathrm{T}$ 点进行稳定性分析。

由于原动态方程中有 $4/\alpha$ 项,因此 $\alpha=0$ 不成立,所以系统最终的演化结果应为 $\boldsymbol{X}^* = (\alpha,1,1)^\mathrm{T}$,其中 α 取值趋向于零。因此,上述复制动态方程可简化为:

$$\begin{cases}F(\alpha,\beta,\gamma)=\alpha(1-\alpha)\left(-4-\dfrac{11\alpha}{12}\right)\\[2mm]G(\alpha,\beta,\gamma)=0\\[2mm]H(\alpha,\beta,\gamma)=0\end{cases}$$

系统的雅可比矩阵为:

$$\boldsymbol{J}=\begin{bmatrix}\dfrac{\partial F(\alpha,\beta,\gamma)}{\partial\alpha} & \dfrac{\partial F(\alpha,\beta,\gamma)}{\partial\beta} & \dfrac{\partial F(\alpha,\beta,\gamma)}{\partial\gamma}\\[3mm]\dfrac{\partial G(\alpha,\beta,\gamma)}{\partial\alpha} & \dfrac{\partial G(\alpha,\beta,\gamma)}{\partial\beta} & \dfrac{\partial G(\alpha,\beta,\gamma)}{\partial\gamma}\\[3mm]\dfrac{\partial H(\alpha,\beta,\gamma)}{\partial\alpha} & \dfrac{\partial H(\alpha,\beta,\gamma)}{\partial\beta} & \dfrac{\partial H(\alpha,\beta,\gamma)}{\partial\gamma}\end{bmatrix}$$

系统在 $\boldsymbol{X}^*$ 点的雅可比矩阵为:

$$\boldsymbol{J}=\begin{bmatrix}\dfrac{\partial F(\alpha,\beta,\gamma)}{\partial\alpha} & \dfrac{\partial F(\alpha,\beta,\gamma)}{\partial\beta} & \dfrac{\partial F(\alpha,\beta,\gamma)}{\partial\gamma}\\[3mm]0 & \dfrac{\partial G(\alpha,\beta,\gamma)}{\partial\beta} & \dfrac{\partial G(\alpha,\beta,\gamma)}{\partial\gamma}\\[3mm]0 & 0 & \dfrac{\partial H(\alpha,\beta,\gamma)}{\partial\gamma}\end{bmatrix}$$

矩阵的特征值为:

$$\begin{cases}\lambda_1=\dfrac{\partial F(\alpha,\beta,\gamma)}{\partial\alpha}=\dfrac{11\alpha^2}{4}+\dfrac{37\alpha}{6}-4\\[2mm]\lambda_2=\dfrac{\partial G(\alpha,\beta,\gamma)}{\partial\beta}=-\dfrac{\alpha^2}{4}-3\alpha-1\\[2mm]\lambda_3=\dfrac{\partial H(\alpha,\beta,\gamma)}{\partial\gamma}=-\dfrac{2\alpha^2}{3}-\alpha-2\end{cases}$$

又因为 $\alpha\to0$,所以 $\lambda_1<0,\lambda_2<0,\lambda_3<0$,因此,均衡解 $\boldsymbol{X}^* = (\alpha,1,1)^\mathrm{T}\,(\alpha\to0)$

是演化稳定策略均衡。

综上，优化动态惩罚-激励情景是一种可以有效抑制煤矿安全监察监管系统演化博弈过程波动性的控制情景，在此控制情景下，系统演化博弈过程存在演化稳定策略均衡，且在此稳定策略均衡状态下煤矿企业违规行为得到有效控制。

7.5　中国煤矿安全监察监管效果相关改善对策

中国煤矿安全生产问题是制约煤炭工业健康、可持续发展的重要因素，是各级政府和煤矿管理人员不可推卸的责任，也是摆在我们面前的一大难题。在以上章节对中国煤矿安全监察监管系统演化博弈有效稳定性控制情景研究的基础上，提出煤矿安全监察监管机构的改善对策。

（1）增强国家煤矿安全监察局的独立性、权威性、行政监察性，赋予其诉讼权。肯定国家层面设立专门的国家煤矿安全监察局，进一步增强其独立性、权威性和行政监察性，赋予国家煤矿安全监察局独立处罚权和强制执行权，将煤矿安全监管处罚等职权逐步统一收归国家煤矿安全监察局承担；国家煤矿安全监察局对地方政府、所属部门及相关人员以及煤矿企业具有作出行政处分、惩罚和激励等监察决定；同时赋予国家煤矿安全监察局对违反法律法规的煤矿企业和地方煤矿安全监管机构有提起诉讼的权利。未来的国家煤矿安全监察局仍然实行垂直领导，但具体设置上应具有以下特点：① 在主要矿区设立国家煤矿安全监察区域分局，在矿场集中的地方设立国家煤矿安全监察办公室，分局与办公室的管辖范围不再受制于行政区划，即可能在一个矿业大省内设多个区域分局，也可能一个区域分局跨越几个省界；② 在事务管辖上，区域分局主要负责现场监察以外的煤矿安全监察事项，包括组织管理、与地方政府关系协调、煤矿安全教育培训与行政许可、煤矿应急救援、重大事故调查等，监察办公室则只负责煤矿安全现场监察；③ 在级别管辖上，所有现场执法检查、行政处理与处罚均由监察办公室作出，区域分局原则上不对煤矿企业进行现场执法；④ 监察分局与监察办公室都是国家煤矿安全监察局的派出机构，为了提高国家煤矿安全监察工作的权威性，所有行政处理与行政处罚均以国家煤矿安全监察局的名义作出；⑤ 在区域分局内设立煤矿安全行政监察处，专门负责对区域内地方政府的煤矿安全监管行为实施行政监察；⑥ 国家煤矿安全监察局内部实行监察员定期轮调制度，避免安监员与地方政府及煤矿企业长期交往过程中可能形成的权力交易关系。

（2）创新煤矿安全监察监管惩罚和激励手段，如国家煤矿安全监察机构根据所掌握的有关煤矿企业和地方煤矿安全监管机构的信息，对它们的是否违法行为或是否不尽责行为进行动态的处罚和激励,比如对煤矿企业的处罚力度随着其违规行为比率的上升而加大,对地方煤矿安全监管机构的处罚力度随着其忽视职责比率的上升而加大。创新监察监管手段的外在特征是除了必要的强制执法外,还通过其他更具合作与服务特色的专项行动来拉近监察监管者与煤矿企业之间的距离,突出监察监管者与煤矿企业之间的平等感,带动和激励煤矿企业在合作而非对抗的状态下自发地实现监察监管目标。近年来,中国煤矿安全监察监管部门已经在安全监管服务方面有所探索,并开展了一系列活动,如"千名干部与万名矿长谈心对话活动""万名煤矿总工程师安全培训工程""安全生产 1 000 天以上煤矿"等。对于自我管理能力很强、安全生产水平很高的煤矿企业,在条件成熟时,可授予该企业"安全自律示范煤矿"荣誉称号,赋予其更广泛的安全管理自主权,国家煤矿安全监察局则仅需关注企业的目标考核和重点项目监察即可,减少甚至免除对该煤矿企业的日常安全监管,可以节约行政资源,减少对该企业生产经营的干预,有利于加强对其他企业的安全监察投入;对安全自治煤矿而言,不仅获得了荣誉称号,而且获得了更大的安全管理自主权,其研发的安全技术与积累的安全管理经验也可以在市场化推广的过程中获得经济收益。

　　(3)规范国家煤矿安全监察局对地方煤矿安全监管机构安全监管职责履行情况的专项行政监察权,明确国家监察和地方煤矿安全监管机构的职责和执法管辖。现行国家煤矿安全监察局与地方煤矿安全监管机构存在职责上的交叉,出现"错监""漏监""复监",事故责任出现相互推诿等现象,缺乏有效的协调工作机制。为了改善中国煤矿安全生产状况,就必须更加完善中国煤矿安全监察监管机制,明确国家监察和地方煤矿安全监管机构的职责、执法管辖。比较现实的做法是中央政府及省级政府所属的煤矿企业由国家煤矿安全监察局直接进行监察监管,其他中小型煤矿企业由地方政府负责监管。这样,国家煤矿安全监察局既要做好自己直接负责的煤矿企业安全监察工作,又要通过行政监察手段去督促指导地方政府做好地方煤矿安全监管工作。对于由地方政府监管的煤矿企业,除非是对地方政府的监管情况进行查证核实,原则上国家煤矿安全监察局不进入该煤矿企业监管执法,以避免管辖重叠与行政资源浪费。

　　(4)协调好国家监察、地方监管和企业负责的关系。协调好各部门间的关系具体有:一是国家煤矿安全监察局、地方煤矿安全监管机构和煤矿企业的关系。煤矿企业是煤矿安全工作的主体,理应具备良好的安全控制能力,同时也负有不可推脱的责任,国家煤矿安全监察局和地方煤矿安全监管机构不能代替煤矿企业进行内部煤矿安全生产的具体管理工作。二是国家煤矿安全监察局和地方煤矿安全监管机构的关系。国家煤矿安全监察局要重视发挥其对煤矿企业安全生产的监察职能,主动征求地方煤矿安全监管机构的建议;同时,地方煤矿安全监管机构也应配合国家煤矿安全监察局对其监管工作的检查和指导。三是地方煤矿安全监管机构与煤炭行业管理机构的关系。地方煤矿安全监管机构对其属地煤矿企业的日常性监管工作具有综合性,而煤炭行业管理部门对煤矿企业的监督管理具有一定的专业性,两者之间相互补充。四是地方煤矿安全监管机构与煤矿企业的关系。地方煤矿安全监管机构要尊重煤矿企业的自主经营权,为其提供有效的监管服务,同时煤矿企业要主动接受地方煤矿安全监管机构的监督。

7.6 本章小结

　　本章在上一章对中国煤矿安全监察监管系统演化博弈模型仿真与均衡点稳定性分析的基础上,以提高煤矿安全监察监管效果、降低煤矿企业违规行为为目标,针对不存在演化稳定策略均衡的煤矿安全监察监管系统演化博弈问题进行有效稳定性控制情景研究,提出可以有效抑制博弈过程波动性的稳定控制情景,即动态惩罚稳定性控制情景(国家煤矿安全监察局根据所掌握的有关煤矿企业和地方煤矿安全监管机构的信息,对它们的违规行为或不尽责行为进行动态的处罚),并对该情景下的系统演化博弈稳定性进行仿真分析与仿真结果理论证明,结果表明:在动态惩罚情景下系统演化博弈过程的波动性得到有效控制,存在演化稳定策略均衡,但在此演化稳定策略均衡状态下,煤矿企业仍存在一定比率的选择违规行为。因此,有必要对动态惩罚情景下演化稳定策略的影响变量进行分析与控制优化,进而提出优化动态惩罚-激励稳定性控制情景(国家煤矿安全监察机构根据所掌握的有关煤矿企业和地方煤矿安全监管机构的信息,对它们的是否违规行为或是否不尽责行为进行动态的处罚和激励),并对该情景下的系统演化博弈有效稳定性进行仿真分析与仿真结果的理论证明,结果表明:优化动态惩罚-激励控制情景不仅能够有效抑制系统演化博弈过程的波动性,使系统演化博弈存在演化稳定策略均衡,且在此稳定策略均衡状态下煤矿企业的违规行为得到有效控制。最后,在以上对中国煤矿安全监察监管系统演化博弈有效稳定性控制情景研究的基础上,提出中国煤矿安全监察监管效果的改善对策。

第 8 章　结论与展望

8.1　主要研究结论

（1）2000 年开始建立的新的煤矿安全监察监管机制，从短期来看，对全国煤矿安全记录的改善有负面作用，其中对乡镇煤矿的负面作用程度最大，对国有重点煤矿的负面作用程度最小；但从长远来看，新的监察监管机制对全国煤矿安全记录有显著的改善作用，其中对乡镇煤矿的改善效果最明显，对国有重点煤矿的改善效果最小。乡镇煤矿相比较国有煤矿大都规模小、安全投入少、安全生产条件差等，因此有很大的安全状况提升空间。

（2）传统博弈理论对于煤矿安全监察监管各参与方的假设"完全理性"和"共同知识"往往与实际情况不符；且对于中国煤矿安全监察监管各参与方如何达到均衡点的过程缺乏分析与解释，忽略了博弈过程的动态性研究。演化博弈论假定博弈参与者非完全理性，其决策是通过个体之间的模仿、学习和突变等动态过程完成的，克服了传统博弈论的局限性。因此，演化博弈理论更加适用于研究中国煤矿安全监察监管问题。

（3）对于煤矿安全监察监管的单种群演化博弈模型和双种群演化博弈模型，可以通过分析均衡点时系统的雅可比矩阵的行列式值和迹值的符号，判断其均衡点的稳定性；对于煤矿安全监察监管的系统演化博弈模型，通过此方法理论上是可以做到的，但是计算量巨大、烦琐，且系统演化博弈过程具有复杂动态性，对各局中人的策略也难以合理制定。因此，采用 SD 来研究煤矿安全监察监管的系统演化博弈的反馈结构，分析其演化博弈均衡点的稳定性，从而构建煤矿安全监察监管系统演化博弈 SD 模型，并对系统演化博弈的均衡点进行仿真以分析其稳定性。

（4）对煤矿安全监察监管系统演化博弈 SD 模型的均衡点进行仿真，以分析系统演化博弈均衡点的稳定性，即纯策略均衡解稳定性分析、混合策略均衡解稳定性分析和一般策略演化博弈稳定性分析。结果发现：煤矿安全监察监管系统演化博弈过程出现反复波动、振荡发展的趋势，即系统演化博弈过程不存在演化稳定策略均衡。

（5）以提高煤矿安全监察监管效果、降低煤矿企业违法行为为目标，针对上述不存在演化稳定策略均衡的煤矿安全监察监管系统演化博弈问题进行有效稳定性控制情景研究，提出可以有效抑制系统演化博弈过程波动性的控制情景，即动态惩罚稳定性控制情景（国家煤矿安全监察机构根据所掌握的有关煤矿企业和地方煤矿安全监管机构的信息，对它们的违规行为或不尽责行为进行动态的处罚），并对该情景下的系统演化博弈稳定性进行仿真分析与仿真结果理论证明，结果表明：在动态惩罚稳定性控制情景下系统演化博弈过程的波动性得到有效控制，存在演化稳定策略均衡，但是在此演化稳定策略均衡状态下，煤矿企业仍存在一定比率的选择违规行为。

（6）对动态惩罚情景下演化稳定策略的影响变量进行分析与优化，提出优化动态惩罚-激励稳定性控制情景（国家煤矿安全监察机构根据所掌握的有关煤矿企业和地方煤矿安全监管机构的信息，对它们的是否违规行为或是否不尽责行为进行动态的处罚和激励），并对该情景下的系统演化博弈有效稳定性进行仿真分析与仿真结果的理论证明，结果表明：优化动态惩罚-激励控制情景不仅能够有效抑制系统演化博弈过程的波动性，使系统演化博弈存在演化稳定策略均衡，且在此稳定策略均衡状态下煤矿企业的违规行为得到有效控制。

8.2　研究创新

（1）基于对比分析中国煤矿安全监察体制改革前后煤矿安全监察监管机构的变迁过程，通过构建时间序列模型并不断进行修正，对这一新的煤矿安全监察监管机构的有效性进行分析，研究认为：从短期来看，新的监察监管机构对全国煤矿安全记录的改善有负面作用，但从长远来看，其对全国煤矿安全记录的改善具有显著的正面作用。

（2）针对传统博弈理论中"完全理性"和"共同知识"假设的缺陷和处理多方博弈时各参与方如何达到均衡点的过程缺乏分析与解释的困难，引入演化博弈思想构建煤矿安全监察监管演化博弈模型，并对模型进行求解与均衡解稳定性分析，弥补传统单一的静态博弈理论研究煤矿安全监察监管问题的局限性。

（3）针对煤矿安全监察监管系统演化博弈问题具有复杂动态博弈和多方参与的特性，将基于 SD 的计算机仿真手段与动态演化思想相结合，对煤矿安全监察监管系统演化博弈模型进行建模与动态性分析，揭示各利益相关者进行决策的行为特征及其稳定性状态。

（4）对煤矿安全监察监管策略进行设计与优化，提出能够有效抑制煤矿安全监察监管系统演化博弈过程波动性的控制情景，即动态惩罚控制情景和优化动态惩罚-激励控制情景,并对相应情景下的系统演化博弈过程进行仿真分析与仿真结果有效稳定性理论证明。

8.3　研究不足与展望

(1) 由于国内公开体现煤矿安全状况的数据不全,加上笔者知识背景、数据收集与分析能力不强,因此在量化分析煤矿安全状况与煤矿安全监察监管系统的变革关系的时候,数据挖掘工作仍有待深入。此外,因缺乏对煤矿安全监察监管工作的实际经验,本书只是对监察监管机构作了方向性的比较研究并提出改善对策,在分析煤矿安全监察监管机构的改善对策时,对于细节以及可能会碰到的实际问题,可能存在考虑不周的情况,如何充分发挥煤矿企业内部的监管资源,这些微观问题仍有待深入研究。

(2) 从 2012 年下半年开始,中国煤炭行业发展趋缓,煤炭市场进入低谷期,将会对煤矿安全投入带来不利影响。但同时这也正是市场重整的有利时机,政府监察和监管机构应当抓住机遇,加速小煤矿关闭进程,加大行业整合力度,培育有利于煤矿安全的各市场因素。另外,新一届政府提出了国家治理体系和治理能力的崭新思维,更强调多元利益相关者的深度参与,更重视市场力量,提出要把更多的权力交还给市场和社会。在这种理念的指导下,中国煤矿安全监察监管实践已经开始悄然变化,如 2014 年上半年,国家安全生产监督管理总局(国家煤矿安全监察局)在全国开展了千名干部与万名矿长谈心对话活动,可视为新模式改革的一次尝试。

(3) 煤矿企业的安全状况不仅仅与政府监察监管有关,而且还与其被嵌入的内部煤矿企业之间和外部相关行业之间的非安全监察监管博弈有关。煤矿企业不仅仅与国家煤矿安全监察局、地方煤矿安全监管机构等进行安全监察和监管的博弈,还与其被嵌入的内部煤矿企业之间和外部相关企业之间进行非安全监察监管博弈。今后将针对中国不同类型煤矿企业的安全状况,重点分析中国不同类型煤矿的特征及其被嵌入的内部煤矿企业之间和外部相关行业之间的非安全监察监管博弈,从非安全监察监管的视角分析中国不同类型煤矿企业安全状况存在差异性的原因。

(4) 基于笔者在联合培养留学期间的学习研究计划以及参与国内煤矿企业安全风险预控管理体系建设研究的经历,未来将深入研究基于风险管理体系的煤矿安全治理:影响机理与驱动机制问题。

参 考 文 献

[1] 白重恩,王鑫,钟笑寒.规制与产权:关井政策对煤矿安全的影响分析[J].中国软科学,2011(10):12-26.

[2] 毕玲玲.演化博弈理论的两类应用研究[D].阜新:辽宁工程技术大学,2013.

[3] 毕中毅.基于进化博弈论的煤矿安全监管研究[D].西安:西安科技大学,2011.

[4] 蔡玲如.环境污染监督博弈的动态性分析与控制策略[D].武汉:华中科技大学,2010.

[5] 蔡玲如.基于 SD 的环境污染多人演化博弈问题研究[J].计算机应用研究,2011,28(8):2982-2986.

[6] 曹庆仁.煤矿员工不安全行为管理理论与方法[M].北京:经济管理出版社,2011.

[7] 曹庆仁,曹明,李爽,等.双重委托代理关系下煤矿安全管理者激励模式[J].系统管理学报,2011,20(1):10-15.

[8] 曹武军,韩俊玲.政产学研协同创新的演化博弈稳定性分析[J].贵州财经大学学报,2015(4):86-93.

[9] 陈长石.中国煤矿安全内生性规制效果研究:基于非线性 STAR 模型的实证分析[J].财经论丛,2013(6):108-113.

[10] 陈长石,韩庆海.煤矿安全规制、信息披露与社会福利影响:基于新规制经济学分析框架[J].财经问题研究,2010(2):22-27.

[11] 陈红,祁慧.积极安全管理视域下的煤矿安全管理制度有效性研究[M].北京:科学出版社,2013.

[12] 陈宁,林汉川.我国煤矿企业安全投入的博弈分析[J].太原理工大学学报(社会科学版),2006,24(2):64-66.

[13] 邓箐,王晗.煤矿安金期制的国际借鉴:制度演进与产业发展[J].财经问题研究,2013(10):42-47.

[14] 杜军,徐建,刘凯.基于演化博弈的供应链合作广告机制[J].系统工程,2015,33(1):108-115.

[15] 范满长,高西林,程志勇,等.不同薪酬结构模式下煤矿安全监管合谋行为

博弈分析[J].中国安全生产科学技术,2013,9(12):52-56.

[16] 冯华.环境保护政策及应对策略的演化博弈模型研究[D].兰州:西北师范大学,2013.

[17] 凤亚红,马静.基于博弈论的煤矿安全管理[J].西安科技大学学报,2011,31(5):598-601.

[18] 付茂林.煤矿安全监察进化博弈论分析[D].西安:西安交通大学,2008.

[19] 付茂林,郭红玲.监察变异条件下的煤矿安全监察行为进化博弈分析[J].生态经济(学术版),2007(1):188-190.

[20] 付茂林,黄定轩.存在腐败的煤矿安全监察进化博弈分析[J].中国煤炭,2006,32(8):67-69.

[21] 付茂林,刘朝明.煤矿安全监察进化博弈分析[J].系统管理学报,2007,16(5):579-584.

[22] 付茂林,郭红玲.贿赂概率恒定条件下的煤矿安全监察行为进化博弈分析[J].生产力研究,2008(12):57-59.

[23] 甘筱青,高阔.生猪供应链模式的系统动力学仿真及对策分析[J].系统科学学报,2012,20(3):46-49.

[24] 郭刚.科学改进国家煤矿安全监察机构工作机制和管理体制的探讨[J].中国煤炭,2012,38(7):105-108.

[25] 郭丽.论规制的契约性质:以煤矿安全规制为例[J].山东工商学院学报,2013,27(3):67-71.

[26] 何刚.煤矿安全影响因子的系统分析及其系统动力学仿真研究[D].淮南:安徽理工大学,2009.

[27] 胡卫民,王公忠,呼延峰.煤矿安全监察与管理[M].徐州:中国矿业大学出版社,2009.

[28] 胡文国,刘凌云.我国煤矿生产安全监管中的博弈分析[J].数量经济技术经济研究,2008,25(8):94-109.

[29] 黄定轩,付茂林.一类特殊变异煤矿安全监察行为进化博弈分析[J].桂林理工大学学报,2011,31(2):309-313.

[30] 黄刚.中外煤矿安全监管监察模式对比及启示[J].中国安全生产科学技术,2013,9(4):156-160.

[31] 黄学利.中国煤矿劳动安全规制问题研究[D].沈阳:辽宁大学,2010.

[32] 纪平维.我国煤矿安全规制理论及其对策分析[J].黑龙江对外经贸,2010(9):82-83.

[33] 贾玉玺.基于寻租理论上的煤矿安全监管效果分析[J].宁夏社会科学,

2011(1):58-60.

[34] 荆全忠.中国煤矿安全生产动力机制研究[M].北京:科学出版社,2013.

[35] 李豪峰,高鹤.我国煤矿生产安全监管的博弈分析[J].煤炭经济研究,
2004,24(7):72-75.

[36] 李红霞,田水承,常心坦.安全之经济学分析[J].西安矿业学院学报,1997,
17(3):225-228.

[37] 李洁,仲姣姣,董航,等.煤矿安全规制失灵原因及对策研究[J].现代商贸
工业,2011,23(13):295-296.

[38] 李金克.中国煤炭资源战略储备及其调控机制研究[M].北京:经济管理出
版社,2012.

[39] 李娟,魏晓平,陈爱国,等.基于SD的煤矿企业安全监管演化博弈分析[J].
煤炭技术,2011,30(1):238-240.

[40] 李丽.基于进化博弈分析的煤矿安全生产管理研究[D].淮南:安徽理工大
学,2011.

[41] 李朋林,段洁.煤矿安全生产的博弈模型[J].西安科技大学学报,2013,33
(1):72-77.

[42] 李然.煤矿安全规制效果的综合评价研究[D].新乡:河南师范大学,2014.

[43] 李新娟.中美煤矿安全管理体制机制的比较研究[D].北京:中国矿业大学
(北京),2011.

[44] 李新娟.中美煤矿安全管理体制机制的比较与分析[J].矿业安全与环保,
2012,39(5):93-96.

[45] 李月军.社会规制:理论范式与中国经验[M].北京:中国社会科学出版
社,2009.

[46] 梁海慧.中国煤矿企业安全管理问题研究[D].沈阳:辽宁大学,2006.

[47] 梁辉.昆士兰煤矿卫生与安全法律制度探析[J].学理论,2011(1):
184-185.

[48] 梁晓娟.中国煤矿安全规制效果的实证研究[D].大连:东北财经大
学,2007.

[49] 林汉川,陈宁.构建我国煤矿安全生产保障体系的思考[J].中国工业经济,
2006(6):30-37.

[50] 林汉川,王皓,王莉.安全管制、责任规则与煤矿企业安全行为[J].中国工
业经济,2008(6):17-24.

[51] 刘穷志.煤矿安全事故博弈分析与政府管制政策选择[J].经济评论,2006
(5):59-63.

[52] 刘全龙,李新春.中国煤矿安全监察体制改革的有效性研究[J].中国人口·资源与环境,2013,23(11):150-156.

[53] 刘全龙,李新春,关福远.煤矿安全国家监察演化博弈的系统动力学分析[J].科技管理研究,2015,35(5):175-179.

[54] 刘人境,孙滨,刘德海.网络群体事件政府治理的演化博弈分析[J].管理学报,2015,12(6):911-919.

[55] 刘堂卿.空中交通管制安全风险耦合机理研究[D].武汉:武汉理工大学,2011.

[56] 刘晓兵.澳大利亚煤矿安全法规特征分析[J].煤矿安全,2010,41(9):141-143.

[57] 刘旭旺,汪定伟.分组评标专家行为的演化博弈分析[J].管理科学学报,2015,18(1):50-61.

[58] 刘洋,纪承子,伍阳.基于演化博弈的煤矿安全监管分析[J].河南科学,2012,30(12):1801-1805.

[59] 刘永亮,张建国,王华东.煤矿安全管理与矿工违章行为进化博弈分析[J].煤炭工程,2013,45(1):131-133.

[60] 卢晓庆,赵国浩.煤炭安全生产中政府与企业的博弈分析[J].能源技术与管理,2009,34(5):113-115.

[61] 路荣武,王新华,李丹.矿业安全生产与监察的进化博弈分析[J].山东科技大学学报(自然科学版),2012,31(5):37-40.

[62] 路荣武,王新华,李丹.煤矿安全中多方利益群体的博弈分析[J].曲阜师范大学学报(自然科学版),2013,39(4):22-24.

[63] 吕然.我国煤矿安全监察体制存在的问题及对策探析[D].长春:东北师范大学,2010.

[64] 马晓南.基于博弈视角下煤矿安全生产与政府监管的演化与互惠分析[D].大连:东北财经大学,2013.

[65] 马宇,李中东,韩存.政策因素对我国煤炭行业安全生产影响的实证研究[J].经济与管理研究,2008,29(8):54-58.

[66] 孟现飞,李新春.煤矿安全风险预控管理体系建设实施指南[M].徐州:中国矿业大学出版社,2012.

[67] 苗金明.中国安全生产规制理论及效果评估与实证研究[D].北京:中国矿业大学(北京),2009.

[68] 慕庆国,王永生.煤矿安全监察的激励机制研究[J].煤炭经济研究,2004,24(3):60-61.

[69] 聂辉华,蒋敏杰.政企合谋与矿难:来自中国省级面板数据的证据[J].经济研究,2011,46(6):146-156.

[70] 潘佳妮.基于公共选择的煤矿安全规制探微[J].重庆科技学院学报(社会科学版),2011(12):92-94.

[71] 乔根·W.威布尔.演化博弈论[M].王永钦译.上海:上海人民出版社,2006.

[72] 乔万冠.煤矿事故风险因子耦合作用分析及其耦合风险的仿真研究[D].徐州:中国矿业大学,2014.

[73] 秦小东.对中国煤矿安全规制波动的一种验证[J].东北财经大学学报,2013(2):10-14.

[74] 商淑秀,张再生.虚拟企业知识共享演化博弈分析[J].中国软科学,2015(3):150-157.

[75] 沈斌.基于博弈视角的中国安全生产管制体制运行研究[D].镇江:江苏大学,2011.

[76] 沈斌,梅强.煤矿企业安全生产管制多方博弈研究[J].中国安全科学学报,2010,20(9):139-144.

[77] 沈晶晶.煤矿安全监管的委托代理分析[J].法制与社会,2009(14):244-245.

[78] 石岿然,肖条军.基于演化博弈理论的企业组织模式选择[J].东南大学学报(自然科学版),2007,37(3):537-542.

[79] 石岿然,肖条军.零售市场价格策略的演化博弈分析[J].管理工程学报,2005,19(4):144-147.

[80] 石岿然,肖条军.双寡头纵向产品差异化市场的演化博弈分析[J].东南大学学报(自然科学版),2004,34(4):523-528.

[81] 宋艳,郭燕.煤矿安全生产问题博弈分析[J].煤炭技术,2011,30(4):1-3.

[82] 苏晓红.中国的社会性管制问题研究[D].武汉:华中科技大学,2008.

[83] 孙广忠,闫壮达.煤矿企业安全管理部门的职能转变[J].煤矿开采,2000,5(增刊1):109-110.

[84] 汤道路.煤矿安全监管体制与监管模式研究[D].徐州:中国矿业大学,2014.

[85] 田水承,赵雪萍,黄欣,等.基于进化博弈论的矿工不安全行为干预研究[J].煤矿安全,2013,44(8):231-234.

[86] 王博,贾帅动,董继业.中美煤矿安全管理差异研究[J].科技创新与应用,2013(18):16.

[87] 王宏强,张晔.交易成本、寻租与制度变迁:对矿难事件的制度经济学思考[J].经济问题探索,2006(6):142-145.

[88] 王建林.政治捐献、标准执行与中国煤矿安全规制[J].财经论丛,2012(6):111-115.

[89] 王俊豪.政府管制经济学导论:基本理论及其在政府管制实践中的应用[M].北京:商务印书馆,2001.

[90] 王沛莹.论我国煤矿安全法律制度构建[J].煤炭技术,2013,32(8):23-24.

[91] 王文轲.基于有限理性的煤矿安全投资演化博弈研究[J].中国安全生产科学技术,2013,9(11):65-71.

[92] 王永刚,江涛.基于进化博弈论的不完全信息状况下的民航安全监管研究[J].安全与环境学报,2014,14(1):61-64.

[93] 吴文盛.中国矿业管制体制研究[M].北京:经济科学出版社,2011.

[94] 武春友,郭玲玲,于惊涛.区域旅游生态安全的动态仿真模拟[J].系统工程,2013,31(2):94-99.

[95] 肖斌.煤矿外部性治理探讨[J].当代经济,2013(17):60-61.

[96] 肖兴志.基于煤矿利益的安全规制路径分析[J].经济与管理研究,2006,27(7):69-72.

[97] 肖兴志.中国煤矿安全规制:理论与实证[M].北京:科学出版社,2010.

[98] 肖兴志,陈长石.安全规制波动对煤矿生产影响的实证研究:基于平滑迁移模型的实证分析[C]//2010年中国产业组织前沿论坛论文集.大连:[出版者不详],2010:159-177.

[99] 肖兴志,韩超.非对称信息、企业安全投入与政府规制效果:兼析强制保险的安全影响[J].中国工业经济,2010(7):74-83.

[100] 肖兴志,李红娟.煤矿安全规制的纵向和横向配置:国际比较与启示[J].财经论丛(浙江财经学院学报),2006(4):1-8.

[101] 肖兴志,刘东雯.矿工素质对煤矿安全规制效果的影响分析[J].财经问题研究,2010(11):22-28.

[102] 肖兴志,齐鹰飞,李红娟.中国煤矿安全规制效果实证研究[J].中国工业经济,2008(5):67-76.

[103] 肖兴志,孙阳.煤矿安全规制的理论动因、标准设计与制度补充[J].产业经济研究,2006(4):62-67.

[104] 肖兴志,吴丽丽.中国煤矿安全事故分析[J].东北财经大学学报,2006(3):9-12.

[105] 肖兴志,赵杨.煤矿安全规制的委托—代理模型分析[J].财贸研究,2009,

20(3):80-87.

[106] 徐川府.改善劳动条件再次受挫:回顾三五、四五期间(文革十年)的职业安全卫生工作[J].现代职业安全,2007(7):98-100.

[107] 许超,杨晓芳.煤矿安全监管中的信息不对称及制度设计[J].暨南学报(哲学社会科学版),2012,34(7):52-57.

[108] 薛剑光.安全生产监督与管理的量化表达方法研究[D].长沙:中南大学,2010.

[109] 闫艳艳.中国煤矿安全规制机制研究[D].武汉:武汉理工大学,2011.

[110] 颜烨.新中国煤矿安全监管体制变迁[J].当代中国史研究,2009,16(2):42-52.

[111] 杨亮.中国煤矿安全生产法律制度研究[D].长沙:湖南师范大学,2012.

[112] 叶勇,杨雪津.基于演化博弈的反腐问题探析[J].发展研究,2015(3):84-88.

[113] 易余胤,张显玲.网络外部性下零售商市场策略演化博弈分析[J].系统工程理论与实践,2015,35(9):2251-2261.

[114] 于斌斌,余雷.基于演化博弈的集群企业创新模式选择研究[J].科研管理,2015,36(4):30-38.

[115] 余晖.政府与企业:从宏观管理到微观管制[M].福州:福建人民出版社,1997.

[116] 余时芬.我国政府安全监管体系运行的图论表述方法研究[D].长沙:中南大学,2008.

[117] 余孝军,方春华.公路客运监管的进化博弈分析[J].运筹与管理,2013,22(2):243-248.

[118] 约翰·梅纳德·史密斯.演化与博弈论[M].潘春阳译.上海:复旦大学出版社,2008.

[119] 臧传琴,王静,郑敏.信息不对称条件下我国煤矿安全规制效果的实证分析[J].上海管理科学,2012,34(3):57-61.

[120] 曾德宏.多群体演化博弈均衡的渐近稳定性分析及其应用[D].广州:暨南大学,2012.

[121] 张博.煤矿安全监管行政问责制研究[D].北京:中国政法大学,2011.

[122] 张弛.煤矿安全生产中行政规制与企业规制的衔接:以同煤集团为例[D].南京:南京工业大学,2014.

[123] 张秋秋.中国劳动安全规制体制改革研究[D].沈阳:辽宁大学,2007.

[124] 张维迎.博弈论与信息经济学[M].上海:上海人民出版社,2004.

[125] 张伟,周根贵,曹东.政府监管模式与企业污染排放演化博弈分析[J].中国人口·资源与环境,2014,24(增刊3):108-113.

[126] 张晓峒.计量经济学基础[M].天津:南开大学出版社,2005.

[127] 赵连阁.政府监督与矿产业安全投入的经济分析[J].经济学家,2006(1):100-107.

[128] 赵倩,杨道晗.煤矿安全生产监管的博弈理论分析[J].西安科技大学学报,2013,33(1):66-71.

[129] 赵铁锤.借鉴外国经验 建立适合我国国情的煤矿安全监察体系[J].中国煤炭,2000,26(11):24-27.

[130] 赵廷安.煤矿安全监管中的政府管制失灵问题研究[D].兰州:兰州大学,2011.

[131] 赵贤利,罗帆.基于系统动力学的跑道侵入风险演化博弈研究[J].工业工程,2015,18(2):73-79.

[132] 郑爱华.煤矿安全投入规模与结构分析及政府安全分类监管研究[D].徐州:中国矿业大学,2009.

[133] 郑爱华,聂锐.煤矿安全监管的动态博弈分析[J].科技导报,2006,24(1):38-40.

[134] 郑风田,崔海兴.安全监管的经济学分析[M].武汉:华中科技大学出版社,2011.

[135] 郑言.对中国煤矿安全生产监察监管的反思[J].山东工商学院学报,2009,23(4):31-34.

[136] 钟开斌.遵从与变通:煤矿安全监管中的地方行为分析[J].公共管理学报,2006,3(2):70-75.

[137] 钟永光,贾晓菁,李旭,等.系统动力学[M].北京:科学出版社,2009.

[138] 周敏,肖忠海.煤炭企业安全生产监管效能的博弈分析[J].中国矿业大学学报,2006,35(1):54-60.

[139] 周庆行,邹小勤.煤矿企业生产安全监管的新视角[J].中国矿业,2005,14(12):10-13.

[140] 宗玲,傅贵.职业安全卫生立法及监管模式评析[J].河北法学,2013,31(8):49-55.

[141] 邹说.二十世纪中国政治:从宏观历史与微观行动的角度看[M].香港:牛津大学出版社,1994.

[142] ANDO K. Coal mine safety management system and international cooperation in Japan[C]//The 2nd China International Forum on Work Safe-

ty. [S. l. : s. n.],2004.

[143] ANDREWS-SPEED P, YANG M Y, SHEN L, et al. The regulation of China's township and village coal mines: a study of complexity and ineffectiveness[J]. Journal of cleaner production,2003,11(2):185-196.

[144] ARGUEDAS C. To comply or not to comply? pollution standard setting under costly monitoring and sanctioning[J]. Environmental and resource economics,2008,41(2):155-168.

[145] BAGGS J, SILVERSTEIN B, FOLEY M. Workplace health and safety regulations: impact of enforcement and consultation on workers' compensation claims rates in Washington State[J]. American journal of industrial medicine,2003,43(5):483-494.

[146] BARDACH E, KAGAN R. Going by the book: the problem of regulatory unreasonableness[M]. Philadelphia: Temple University Press,1982.

[147] BARTEL A P, THOMAS L G. Direct and indirect effects of regulation: a new look at OSHA's impact[J]. Journal of law and economics,1985,28 (1):1-25.

[148] BLUFF L, GUNNINGHAM N, JOHNSTONE R. OHS regulation for a changing world of work[M]. Sydney: Federation Press,2004.

[149] BLUFF L, JOHNSTONE R. The relationship between "reasonably practicable" and risk management regulation[J]. Australian journal of labor and law,2005,18(3):197-239.

[150] BOAL W M. The effect of unionism on accidents in coal mining 1897-1929 [M]. Des Moines: Drake University Press,2003.

[151] CHEN H, QI H, LONG R Y, et al. Research on 10-year tendency of China coal mine accidents and the characteristics of human factors[J]. Safety science,2012,50(4):745-750.

[152] CLARK L. The politics of regulation: a comparative-historical study of occupational health and safety regulation in Australia and the United States[J]. Australian journal of public administration, 1999, 58 (2): 94-104.

[153] COYLE R G. On the scope and purpose of Industrial Dynamics[J]. International journal of systems science,1973,4(3):397-406.

[154] CURINGTON W P. Safety regulation and workplace injuries[J]. Southern economic journal,1986,53(1):51-72.

[155] DECKER C S. Flexible enforcement and fine adjustment[J]. Regulation & governance,2007,1(4):312-328.

[156] DIAMOND P. Insurance theoretic aspects of workers' compensation [M]//Natural resources,uncertainty,and general equilibrium systems. Amsterdam:Elsevier,1977.

[157] FREMAN R E. Strategic management:a stakeholder approach [M]. London:Pitman Publishing Ltd. ,1984.

[158] GRAY W B,JONES C A. Are osha health inspections effective? A longitudinal study in the manufacturing sector[J]. The review of economics and statistics,1991,73(3):504-508.

[159] GRAY W B,MENDELOFF J M. The declining effects of OSHA inspections on manufacturing injuries:1979 to 1998 [J]. Industrial and labor relations review,2005,58(4):571-587.

[160] GRAY W B,SCHOLZ J T. Does regulatory enforcement work? A panel analysis of OSHA enforcement[J]. Law & society review,1993,27(1): 177-213.

[161] GREENBERG E S. Capitalism and the American political ideal [M]. New York:Armonk Press,1985.

[162] GUNNINGHAM N. Mine safety:law regulation policy [M]. Sydney: The Federation Press,2007.

[163] GUNNINGHAM N,JOHNSTONE R. Regulating workplace safety:systems and sanctions [M]. Oxford:Oxford University Press,1999.

[164] HARRIS J,KIRSCH P,SHI M,et al. Investigating differential risk factors through comparison of national coal fatalities[C]//Risk 2014 Conference. Brisbane:[s. n.],2014.

[165] HOMER A W. Coal mine safety regulation in China and the USA[J]. Journal of contemporary Asia,2009,39(3):424-439.

[166] HOPKINS A. Safety,culture and risk:the organizational causes of disasters[M]. Sydney:CCH,2004.

[167] JOHNSTONE R. Occupational health and safety law and policy[M]. Sydney:Law Book Company,2004.

[168] KAHN A E. The Economics of regulation:principles and institution [M]. Cambridge:The MIT Press,1988.

[169] KEISER K R. The new regulation of health and safety[J]. Political sci-

ence quarterly,1980,95(3):479-491.

[170] KLICK J,STRATMANN T. Offsetting behavior in the workplace [R]. George Mason Law & Economics Research Paper. Virginia:George Mason University,2003.

[171] KRUEGER A B. Moral hazard in worker's compensation insurance[D]. Mimeo:Princeton University,1988.

[172] LANOIE P. Safety regulation and the risk of workplace accidents in Quebec[J]. Southern economic journal,1992,58(4):950-965.

[173] LEWIS-BECK M S,ALFORD J R. Can government regulate safety? the coal mine example[J]. American political science review,1980,74(3):745-756.

[174] LIU Q L,LI X C,GUAN F Y. Research on effectiveness of coal mine safety supervision system reform on three types of collieries in China [J]. International journal of coal science & technology,2014,1(3):376-382.

[175] LIU Q L,LI X C,HASSALL M. Evolutionary game analysis and stability control scenarios of coal mine safety inspection system in China based on system dynamics[J]. Safety science,2015,80:13-22.

[176] LIU Q L,LI X C. Modeling and evaluation of the safety control capability of coal mine based on system safety[J]. Journal of cleaner production,2014,84:797-802.

[177] LIU Q L,MENG X F,HASSALL M,et al. Accident-causing mechanism in coal mines based on hazards and polarized management[J]. Safety Science,2016,85:276-281.

[178] LU C S,SHANG K C. An empirical investigation of safety climate in container terminal operators[J]. Journal of safety research,2005,36(3):297-308.

[179] MOORE M J,VISCUSI W K. Promoting safety through workers' compensation:the efficacy and net wage costs of injury insurance[J]. The RAND journal of economics,1989,20(4):499-515.

[180] MOTCHENKOVA E. Determination of optimal penalties for antitrust violations in a dynamic setting[J]. European journal of operational research,2008,189(1):269-291.

[181] OI W Y. On the economics of industrial safety[J]. Law and contempora-

ry problems,1974,38(4):669.

[182] OI W Y. Safety at what price? [J]. The American economic review, 1995,85(2):67-71.

[183] OKAZAKI T. Government-firm relationship in post-war Japan:success and failure of the bureau-pluralis[R]. Tokyo:The University of Tokyo,2000.

[184] POPLIN G S, MILLER H B, RANGER-MOORE J, et al. International evaluation of injury rates in coal mining:a comparison of risk and compliance-based regulatory approaches[J]. Safety science,2008,46(8):1196-1204.

[185] PRINGLE T E,FROST S D. "the absence of rigor and the failure of implementation":occupational health and safety in China[J]. International journal of occupational and environmental health,2003,9(4):309-319.

[186] REA S A. Workmen's compensation and occupational safety under imperfect information[J]. American economic review,1981,71:80-93.

[187] RUFFENNACH G. Saving lives or wasting resources? the federal mine safety and health act [N]. Policy Analysis,2002-09-19.

[188] RUSER J W,SMITH R S. Reestimating OSHA's effects:have the data changed? [J]. Journal of human resources,1991,26(2):212.

[189] SCHOLZ J T. Cooperative regulatory enforcement and the politics of administrative effectiveness[J]. American political science review,1991,85(1):115-136.

[190] SHEN L, ANDREWS-SPEED P. Economic analysis of reform policies for small coal mines in China[J]. Resources policy,2001,27(4):247-254.

[191] SHEN L,GAO T M,CHENG X. China's coal policy since 1979:a brief overview[J]. Energy policy,2012,40:274-281.

[192] SONG X Q,MU X Y. The safety regulation of small-scale coal mines in China:analysing the interests and influences of stakeholders[J]. Energy policy,2013,52:472-481.

[193] THOMSON E. Reforming China's coal industry[J]. The China quarterly,1996,147:726-750.

[194] VISCUSI W K. Fatal tradeoffs:public and private responsibilities for risk [M]. New York:Oxford University Press,1992.

[195] VISCUSI W K. Product liability and regulation:establishing the appropriate institutional division of labor [J]. The American economic review, 1988,8(2):300-304.

［196］VISCUSI W K,MOORE M J. Workers' compensation:wage effects,benefit inadequacies,and the value of health losses［J］. The review of economics and statistics,1987,69(2):249.

［197］VISCUSI W K. The impact of occupational safety and health regulation ［J］. The bell journal of economics,1979,10(1):117-140.

［198］VISCUSI W K. The impact of occupational safety and health regulation,1973-1983［J］. The RAND journal of economics,1986,17(4):567-580.

［199］WANG H W,CAI L R,ZENG W. Research on the evolutionary game of environmental pollution in system dynamics model［J］. Journal of experimental & theoretical artificial intelligence,2011,23(1):39-50.

［200］WANG L,CHENG Y P,LIU H Y. An analysis of fatal gas accidents in Chinese coal mines［J］. Safety science,2014,62:107-113.

［201］WANG S G. Regulating death at coalmines:changing mode of governance in China［J］. Journal of contemporary China,2006,15(46):1-30.

［202］WATZMAN B. Safety and health opportunities and challenges for a resurgent mining industry ［J］. Coal age,2004 (9):45-47.

［203］WEBER U. Development Towards a Successful and Sustainable Health and Safety Management System in the German Coal Mine Industry ［C］//The 2nd China International Forum on Work Safety. ［S. l. :s. n. ］,2004.

［204］WEIL D. If osha is so bad,why is compliance so good? ［J］. The RAND journal of economics,1996,27(3):618.

［205］WRIGHT T. The political economy of coal mine disasters in China:your rice bowl or your life［J］. China quarterly,2004,179:629-646.